职业教育3D打印技术应用专业系列教材

3D打印快速成型技术

组　　编　华唐教育

主　　编　曹明元

副 主 编　何远超　雒文政

参　　编　扈云芳　杨建平　李华伦　郑贝贝

　　　　　符莹龙　张留伟　王　丹　劾文颖

机械工业出版社

本书采用了模块化的编写方式，配有丰富的图片，让学生更直观地了解教材内容。本书共3个部分，12个模块，每个模块包含学习目标、核心知识、模块总结、模块任务、课后练习与思考等学习环节，符合学生的学习特点，引发学生进行探究式学习。

本书可作为各类职业院校3D打印技术应用及相关专业的教材，也可作为3D打印技术爱好者的自学参考用书。

本书配有电子课件，选用本书作为教材的教师可以从机械工业出版社教育服务网（www.cmpedu.com）免费注册下载或联系编辑（010-88379194）咨询。

图书在版编目（CIP）数据

3D打印快速成型技术/曹明元主编. —北京：机械工业出版社，2017.3（2024.9重印）
职业教育3D打印技术应用专业系列教材
ISBN 978-7-111-56034-0

Ⅰ．①3… Ⅱ．①曹… Ⅲ．①立体印刷—印刷术—职业教育—教材
Ⅳ．①TS853

中国版本图书馆CIP数据核字（2017）第026951号

机械工业出版社（北京市百万庄大街22号 邮政编码100037）
策划编辑：梁 伟　　责任编辑：李绍坤
版式设计：鞠 杨　　责任校对：马立婷
封面设计：鞠 杨　　责任印制：刘 媛
涿州市般润文化传播有限公司印刷

2024年9月第1版第13次印刷
184mm×260mm・11.5印张・263千字
标准书号：ISBN 978-7-111-56034-0
定价：35.00元

电话服务　　　　　　　　　　网络服务
客服电话：010-88361066　　机 工 官 网：www.cmpbook.com
　　　　　010-88379833　　机 工 官 博：weibo.com/cmp1952
　　　　　010-68326294　　金 书 网：www.golden-book.com
封底无防伪标均为盗版　　机工教育服务网：www.cmpedu.com

前言 PREFACE

3D打印快速成型技术专业领域也称快速原型制造技术、增量制造技术。3D打印技术诞生于20世纪80年代后期，是基于材料堆积成型的一种高新制造技术，不再需要传统的刀具、夹具和机床就可以制造出任意形状、结构的零部件。其在航空航天、医疗、工业品的原型制作、模具和个性化产品、教育等方面应用广泛。3D打印技术不仅是"工业4.0"时代的核心技术，也是推进实施"中国制造2025"战略的重要技术。基于3D打印技术对于发展制造，发展数字智能制造的重要地位，政府也大力支持3D打印技术的研究与发展，加速推进3D打印在国内的发展和应用。

随着产业的迅速发展，3D打印在各领域的应用人才需求逐渐凸显出较大的缺口。目前困扰各3D打印企业最大的问题就是难以找到匹配的人才。在此背景下，华唐集团与国内代表性职业院校进行校企合作开展了3D打印增材制造技术系列教材开发，以便满足全国职业院校培养批量专业3D打印技术人才的需求。本书是系列教材中的基础教材，是让学生在对3D打印技术概论知识有了整体的了解后，进一步学习3D打印快速成型技术，了解成型原理和工艺过程，并且对各类打印机进行了解，为后面学习3D打印的实训课程打下基础。

本书依据课程标准的要求，根据人才培养的目标和方向，采取模块化的编写方式，并且加入大量的配图，使书中内容更加直观、易学。模块中包括学习目标、小问题、小思考、内容预热、核心知识、拓展知识、小作业、模块总结、模块任务等学习环节，符合职业院校学生的学习特点，引导学生进行探究式学习。

本书共3个部分，12个模块。其中，第一部分包含两个模块，主要介绍3D打印快速成型技术基础知识，模块1为3D打印快速成型技术概述；模块2为3D打印基本处理流程。第二部分是3D打印成型技术分类，包括6个模块，分别介绍熔融沉积成型、选择性激光烧结成型、光固化成型、三维打印成型、薄材叠层制造成型、金属3D直接打印成型的原理、工艺过程、材料、特点、应用等。第三部分主要包括熔融沉积成型3D打印机、液态树脂光固化（DLP）成型3D打印机、金属3D打印机、印制电路板（PCB）3D打印机的基本介绍以及研发使用情况。

在教学方式上建议学校采用理实一体化教学模式，建议课程安排在第一学年下学期，72学时。

本书由曹明元任主编，何远超和雒文政任副主编，参加编写的还有扈云芳、杨建平、李华伦、郑贝贝、符莹龙、张留伟、王丹和劲文颖。

由于编者水平有限，书中难免存在不妥之处，还请读者批评指正。

编　者

CONTENTS

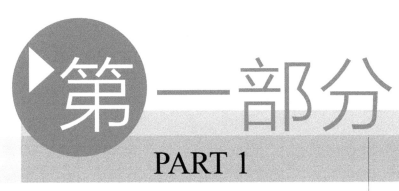

第一部分

PART 1

3D打印快速成型
技术基础知识

模块1 3D打印快速成型技术概述

▶ 学习目标

- 了解快速成型与3D打印的区别与联系。
- 能明确3D实物的成型方法。
- 能正确选择3D实物成型的工艺。
- 了解3D打印的常用材料及各自的特点。

▶ 小问题

同学们，你知道什么是3D打印吗？你了解它吗？你知道如图1-1和图1-2所示的产品是用什么方法制造的吗？你知道如图1-3和图1-4所示的是什么设备吗？下面一起来看一看。

图1-1 案例1

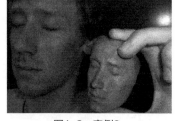

图1-2 案例2

图1-3 案例3

图1-4 案例4

▶ 内容预热

当前，3D打印、3D打印机、三维打印、快速成型、快速制造、数字化制造这些名词，如同一股旋风，仿佛一夜之间就在制造界、学术界、传媒界、金融界等掀起了巨澜。但是很多人并不知道这些名词到底有什么区别和联系，同学们，你们对这些名词有什么了解吗？那么，就一起来学习下面的知识，正确认识、了解并区分"什么是3D打印""什么是快速成型"。

▶ 核心知识

1.1 快速成型与3D打印

1. 快速成型

快速成型（Rapid Prototyping，RP），是20世纪80年代末及90年代初发展起来的新兴制造技术，是由三维CAD模型直接驱动的快速制造任意复杂形状三维实体的总称。它集成了CAD技术、数控技术、激光技术和材料技术等现代科技成果，是先进制造技术的重要组成部分。由于它把复杂的三维制造转化为一系列二维制造的叠加，因而可以在不用模具和工具的条件下生成几乎任意复杂的零部件，极大地提高了生产效率和制造柔性。

与传统制造方法不同，快速成型从零件的CAD几何模型出发，通过软件分层离散和数控成型系统，用激光束或其他方法将材料堆积而形成实体零件。通过与数控加工、铸造、金属冷喷涂、硅胶模等制造手段相结合，成为现代模型、模具和零件制造的强有力手段，在航空航天、汽车摩托车、家电等领域得到了广泛应用。

快速成型技术自问世以来，得到了迅速发展。由于快速成型技术可以使数据模型转化为物理模型，并能有效地提高新产品的设计质量，缩短新产品的开发周期，提高企业的市场竞争力，因而受到越来越多领域的关注，被一些学者誉为敏捷制造技术的类型之一。

（1）快速成型技术的工艺方法

快速成型技术的主要工艺方法有光固化快速成型工艺、叠层实体制造成型工艺、选择性激光烧结成型工艺、熔融沉积制造工艺以及三维印刷成型工艺，本书对这几种主要工艺方法做了详细的介绍。除以上5种方法外，其他许多快速成型方法也已经实用化，如实体自由成形（Solid Freedom Fabrication，SFF）、形状沉积制造（Shape Deposition Manufacturing，SDM）、实体磨削固化（Solid Ground Curing，SGC）、分割镶嵌（Tessellation）、数码累积成型（Digital Brick Laying，DBL）、三维焊接（Three Dimensional Welding，3DW）、直接壳法（Direct Shell Production Casting，DSPC）、直接金属成型（Direct Metal Deposition，DMD）等快速成型工艺方法。快速成型主要工艺方法及其分类，如图1-5所示。

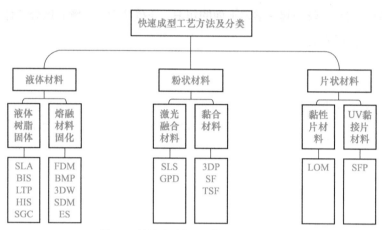

图1-5 快速成型主要工艺方法及其分类

（2）快速成型技术的特点

与传统的切削加工方法相比，快速成型加工具有以下6个特点：

1）自由成型制造：自由成型制造也是快速成型技术的另外一个名称。作为快速成型技术特点之一的自由成型制造的含义有两个方面：一是指不需要使用工模具而制作原型或零件，由此可以大大缩短新产品的试制周期，并节省工模具费用；二是指不受形状复杂程度的限制，能够制作任何形状与结构、不同材料复合的原形或零件。

2）制造效率高：从CAD数字模型或实体反求获得的数据到制成原型，一般仅需要数小时或十几小时，速度比传统成型加工方法快得多。该项目技术在新产品开发中改善了设计过程的人机交流，缩短了产品设计与开发周期。以快速成型机为母模的快速模具技术，能够在几天内制作出所需材料的实际产品，而通过传统的钢质模具制作产品，至少需要几个月的时间。该项技术的应用，大大降低了新产品的开发成本和企业研制新产品的风险。

3）由CAD模型直接驱动：无论哪种快速原型制造（RP）工艺，其材料都是通过逐点、逐层以添加的方式累积成型的。无论哪种快速成型制造工艺，也都是通过CAD数字模型直接或者间接地驱动快速成型设备系统进行制造的。这种通过材料添加来制造原型的加工方式是快速成型技术区别传统的机械加工方式的显著特征。这种由CAD数字模型直接或者间接地驱动快速成型设备系统的原型制作过程也决定了快速成型的制造快速和自由成型的特征。

4）技术高度集成：当落后的计算机辅助工艺规划（Computer Aided Process Planning，CAPP）一直无法实现CAD与CAM一体化的时候，快速成型技术的出现较好地填补了CAD与CAM之间的缝隙。新材料、激光应用技术、精密伺服驱动技术、计算机技术以及数控技术等的高度集成，共同支撑了快速成型技术的实现。

5）经济效益高：快速成型技术制造原型或零件，无需工模具，也与成型或零件的复杂程度无关，与传统的机械加工方法相比，其原型或零件本身制作过程的成本显著降低。此外，由于快速成型在设计可视化、外观评估、装配及功能检验以及快速模具母模的功用，能够显著缩短产品的开发试制周期，也带来了显著的时间效益。也正是因为快速成型技术具有突出的经济效益，才使得该项技术一出现，便得到了制造业的高度重视和迅速而广泛的应用。

6）精度不如传统加工：数据模型分层处理时一些数据的丢失不可避免外加分层制造必然产生台阶误差，堆积成形的相变和凝固过程产生的内应力也会引起翘曲变形，这从根本上决定了RP造型的精度极限。

以上特点决定了快速成型技术主要适合于新产品开发，快速单件及小批量零件制造，复杂形状零件的制造，模具和模型设计与制造，也适合于难加工材料的制造，外形设计检查，装配检验和快速反求工程等。

2. 3D打印

3D打印技术有广义和狭义之分。广义的3D打印是快速成型技术的一部分，它是一种以数字模型文件为基础，运用各种不同形态的（粉末状、丝状、液状）金属、塑料或树脂等可粘合材料，通过逐层堆叠累积的方式来构造物体的技术。过去其常在模具制造、工业设计等领域被用于制造模型，现正逐渐用于一些产品的直接制造。特别是一些高价值应用（比如髋关节或牙齿，或一些飞机零部件）已经使用这种技术打印而成的零部件，意味着"3D打印"这项技术的普及。通过3D打印技术加工出来的飞机零部件和工艺品，如图1-6和图1-7所示。狭义的3D打印是三维打印（3D Printing），属于快速成型的一种。人们日常以及本书中提到的3D打印通常指的都是广义的3D打印。

3D打印机出现在20世纪90年代中期，实际上是利用光固化和纸层叠等技术的最新快速成型装置。它与普通打印工作原理基本相同，打印机内装有液体或粉末等"打印材料"，与计算机连接后，通过计算机控制把"打印材料"一层一层叠加起来，最终把计算机上的蓝图变成实物。这种打印技术称为3D立体打印技术，如图1-8所示。

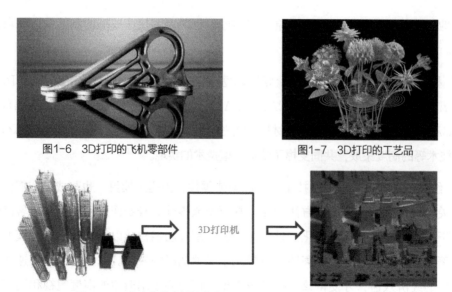

图1-6　3D打印的飞机零部件　　　　图1-7　3D打印的工艺品

图1-8　3D打印机将虚拟的数字化三维模型直接转变成了实体模型

　　3D打印技术最突出的优点是无需机械加工或任何模具，就能直接从计算机图形数据中生成任何形状的零件，从而极大地缩短产品的研制周期，提高生产率和降低生产成本。3D打印生产与传统生产方式的对比，如图1-9所示。

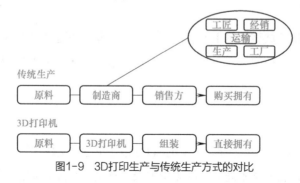

图1-9　3D打印生产与传统生产方式的对比

　　与传统技术相比，3D打印技术还拥有如下优势：通过摒弃生产线而降低了成本；大幅减少了材料浪费；可以制造出传统生产技术无法制造出的外形，让人们可以更有效地设计出飞机机翼或热交换器；在具有良好设计概念和设计过程的情况下，3D打印技术还可以简化生产制造过程，快速有效又廉价地生产出单个物品。

　　3D打印技术还有其他重要的优点。大多数金属和塑料零件为了生产而设计，这就意味着它们会非常笨重，并且含有与制造有关但与其功能无关的剩余物。3D打印技术不是这样的。在3D打印技术中，原材料只生产所需要的产品，借用3D打印技术，生产出的零件更加精细轻盈。当材料没有了生产限制后，就能以最优化的方式来实现其功能。因此，与机器制造出的零件相比，打印出来的产品的重量要轻60%，并且同样坚固。

　　人们已经使用该技术打印出了灯罩、身体器官、珠宝、根据球员脚型定制的足球靴、赛车零件、固态电池以及为个人定制的手机、小提琴等，有些人甚至使用该技术制造出了机械设备。比如，有人曾经试图打印一个类似于祖父辈使用的钟表的物品。在进行了几次尝试之后，他最终用3D打印机打印出了塑料钟表，将其挂在墙上，并可以正常使用。

 小提示

目前国内传媒界习惯把快速成型技术叫做"3D打印"显得比较生动形象，但是实际上，"3D打印"只是快速成型的一部分，只能代表部分快速成型工艺。

拓展知识

3D打印技术在社会经济方面的影响

有些业内人士认为，3D打印技术对制造业的影响将来可与喷墨打印机对文件打印的影响相媲美。15世纪出现的活字印刷术让手写体变成了印刷体。印刷机同那些可以进行大规模生产的机器一样，高效地打印出同一物品的副本，但是，其在打印个性化文件时的效率并不高。后来，喷墨打印机使打印变得更便捷、更廉价、更有个性。如今，尽管传统打印机仍然打印着大量的书籍和报纸等，但更多的打印任务是由喷墨打印机来承担的，它能按需打印出书籍、标签、照片等。

3D打印技术带来的变化或将改变制造业的经济面貌。许多人认为，这项技术将让商业完全中心化，逆转伴随着工业化到来的城市化进程，人们将不再需要工厂。届时，每个村庄都将拥有一个由打印机组成的制造厂，制造所需的物品。但是，也有人认为，城市的经济和社会利益远远超出吸引工人到装配线上工作的能力。

有人坚持认为，3D打印技术减少了对工厂工人的需求，削减低成本、低工资国家的优势，因而会增加发达国家的生产能力。不过，也有人对此表示怀疑，他们称，亚洲制造商也有能力采用该技术，而且，即使3D打印技术确实会让生产重回发达国家，它也无法提供更多的工作机会，因为与标准的制造过程相比，它并非劳动密集型的技术。

而3D打印技术给物流公司带来的威胁是显而易见的。2010年在由中外运敦豪国际航空快递有限公司（DHL）组织的一次大会上，有人就提出了这种可能性：当公司能够在需求产品的地方打印出急需的零部件时，为什么还要从国外空运呢？

1.2　3D实物的成型方法

3D打印其实并不神秘，也不是一项崭新的技术，而是早已在工业应用的领域默默"奉献"了近30年。总的来说，物体成型的方式主要有以下4类：减材成型、受压成型、增材成型、生长成型。

1. 减材成型

减材成型主要是运用分离技术把多余部分的材料有序地从基体上剔除出去，如传统的车、铣、磨、钻、刨、电火花和激光切割都属于减材成型。

2．受压成型

受压成型主要利用材料的可塑性在特定的外力下成型，传统的锻压、铸造、粉末冶金等技术都属于受压成型。受压成型多用于毛坯阶段的模型制作，但也有直接用于工件成型的例子，如精密铸造、精密锻造等净成型均属于受压成型。

3．增材成型

增材成型又称堆积成型，主要利用机械、物理、化学等方法通过有序地添加材料而堆积成型的方法。

4．生长成型

生长成型指利用材料的活性进行成型的方法，自然界中的生物个体发育属于生长成型。随着活性材料、仿生学、生物化学和生命科学的发展，生长成型技术将得到长足的发展。

几种实物成型方法在材料利用率、产品精度与性能以及可制造零件复杂程度方面的对比见表1-1。

表1-1 实物成型方法的比较

	减 材 成 型	受 压 成 型	增 材 成 型
材料利用率	产生切屑，材料利用率低	产生工艺废料，如浇冒口、飞边等	材料利用率高，大多数工艺可达100%
产品精度与性能	通常为最终成型，精度高	多用于毛坯制造，属净成型或近净成型范畴	属于净成型范畴，精度较高
可制造零件的复杂程度	受刀具或模具等的形状限制，无法制造太复杂的曲面和异形深孔等	受模具等工具的形状限制，无法制造太复杂的曲面	可制造任意复杂形状的零件

3D打印技术从狭义上来说主要是指增材成型技术，从成型工艺上看3D打印技术突破了传统成型方法通过快速自动成型系统与计算机数据模型结合，无需任何附加的传统模具制造和机械加工就能够制造出各种形状复杂的原型，这使得产品的设计生产周期大大缩短，生产成本大幅下降。

小作业

自己动手，搜集各方面的资料，说一下你对各种3D实物成型方法的认识。

1.3 3D打印的主要成型工艺

目前3D打印的主要成型工艺方法很多，本书仅介绍目前较为常用的工艺方法。

1．光固化成型

光固化成型工艺，也常被称为立体光刻成型，英文的名称为Stereo Lithography，简称

SL或SLA（Stereo Lithography Apparatus），该工艺是由Charles Hull于1984年获得美国专利，是最早发展起来的快速成型技术。自从1988年3D Systems公司最早推出SLA商品化快速成型机SLA-250以来，SLA已成为目前世界上研究最深入、技术最成熟、应用最广泛的一种快速成型工艺方法。

光固化成型工艺以液态光敏树脂为原材料，通过计算机控制紫外激光按预定零件逐个分层截面的轮廓轨迹对液态树脂逐点扫描，使被扫描区的树脂薄层产生光聚合（固化）反应，从而形成零件的一个薄层截面。完成一个扫描区域的液态光敏树脂固化层后，工作台下降一个层厚，使固化好的树脂表面再铺上一层新的液态树脂，然后重复扫描、固化，新固化的一层牢固黏接在上一层上，如此反复直至完成整个零件的固化成型，如图1-10所示。图1-11为SLA原型在铸造领域的应用实例。

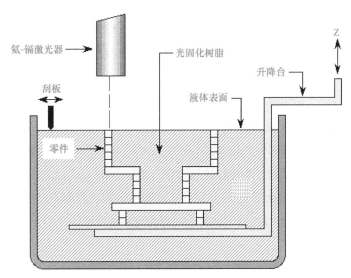

图1-10　光固化快速成型的原理图

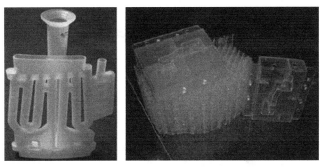

图1-11　SLA原型在铸造领域的应用实例

SLA工艺的优点是：精度较高，一般尺寸精度可以达到0.01mm；表面质量好；原材料利用率接近100%；能制造形状特别复杂、精细的零件；设备市场占有率很高。缺点是：需要设计支撑；可以选择的材料种类有限；制件容易发生翘曲变形；材料价格较昂贵。

SLA工艺适合比较复杂的中小型零件的制作。

2. 叠层实体制造成型

叠层实体制造成型（Laminated Object Manufacturing，LOM）又称薄片分层叠加成型，是几种最成熟的快速成型制造技术之一，由美国Helisys公司于1986年研制成功，并推出商品化的机器。

叠层实体制造工艺的原理：LOM工艺采用薄片材料（如纸、塑料薄膜等）作为成型材料，片材表面事先涂覆上一层热熔胶。加工时，用CO_2激光器在计算机控制下按照CAD分层模型轨迹切割片材，然后通过热压辊热压，使当前层与下面已成型的工件层黏结，从而堆积成型。分层实体成型系统主要包括计算机、数控系统、原材料存储与运送部件、热粘压部件、激光切割系统、可升降工作台等。其中，计算机负责接收和存储成型工件的三维模型数据，这些数据主要是沿模型高度方向提取的一系列截面轮廓。原材料存储与运送部件将把存储在其中的原材料（底面涂有胶粘剂的薄膜材料）逐步送至工作台上方。激光切割器将沿着工件截面轮廓线对薄膜进行切割，可升降的工作台能支撑成型的工件，并在每层成型之后降低一个材料厚度以便送进将要进行粘合和切割的新一层材料，最后热粘压部件将会一层一层地把成型区域的薄膜粘合在一起，就这样重复上述的步骤直到工件完全成型，如图1-12所示。LOM工艺采用的原料价格便宜，因此制作成本极为低廉。其适用于大尺寸工件的成型，成型过程无需设置支撑结构，多余的材料也容易剔除，精度也比较理想，图1-13所示为LOM工艺制作的汽车发动机排气管的精铸母模。尽管如此，由于LOM技术成型材料的利用率不高，材料浪费严重，颇被诟病，又随着新技术的发展，LOM工艺将有可能被逐步淘汰。

图1-12　叠层实体制造成型原理图

图1-13　汽车发动机排气管的精铸母模

3. 选择性激光烧结成型

选择性激光烧结（Selective Laser Sintering, SLS）是在工作台上均匀铺上一层很薄（100～200μm）的金属粉末，激光束在计算机控制下按照零件分层截面轮廓逐点地进行扫描、烧结，使粉末固化成截面形状。完成一个层面后工作台下降一个层厚，滚动铺粉机构在已烧结的表面再铺上一层粉末进行下一层烧结，图1-14所示。图1-15所示为SLS工艺生产的产品。未烧结的粉末保留在原位置起支撑作用，这个过程重复进行直至完成整个零件的扫描、烧结，去掉多余的粉末，再进行打磨、烘干等处理后便获得需要的零件。用金属粉或陶瓷粉进行直接烧结的工艺正在实验研究阶段，它可以直接制造工程材料的零件。

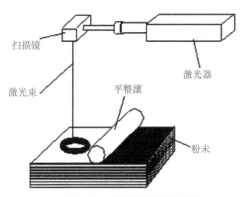

图1-14　选择性激光烧结成型

图1-15　采用SLS工艺制作的高尔夫球头模具及产品

采用激光有选择地分层烧结固体粉末，并使烧结成型的固化层逐层叠加生成所需形状的零件。其整个工艺过程包括CAD模型的建立及数据处理、铺粉、烧结以及后处理等。

选择性激光烧结成型工艺的优点是原型件机械性能好，强度高；无需设计和构建支撑；可选材料种类多且利用率高（100%）。缺点是制件表面粗糙，疏松多孔，需要进行后处理；制造成本高。

4．熔融沉积成型

熔融沉积成型（Fused Deposition Modeling，FDM）是继光固化成型和叠层实体快速成型工艺后的另一种应用比较广泛的快速成型工艺。该工艺方法以美国Stratasys公司开发的FDM制造系统应用最为广泛。

熔融沉积又叫熔丝沉积，它是将丝状的热熔性材料加热熔化，通过带有一个微细喷嘴的喷头挤喷出来。喷头可沿着X轴方向移动，而工作台则沿Y轴方向移动。如果热熔性材料的温度始终稍高于固化温度，而成型部分的温度稍低于固化温度，就能保证热熔性材料挤喷出喷嘴后，随即与前一层面熔结在一起。一个层面沉积完成后，工作台按预定的增量下降一个层的厚度，再继续熔喷沉积，直至完成整个实体造型，如图1-16所示。图1-17所示为FDM工艺生产的产品。

热熔性丝材（通常为ABS或PLA材料）先被缠绕在供料辊上，由步进电机驱动辊子旋转，丝材在主动辊与从动辊的摩擦力作用下向挤出机喷头送出。在供料辊和喷头之间有一个导向套，导向套采用低摩擦力材料制成以便丝材能够顺利准确地由供料辊送到喷头的内腔。

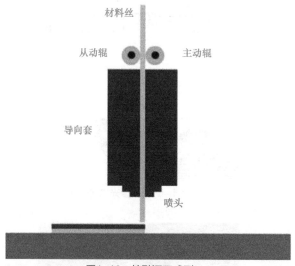

图1-16　熔融沉积成型

图1-17　FDM工艺打印的产品模型

喷头的上方有电阻丝式加热器,在加热器的作用下丝材被加热到熔融状态,然后通过挤出机把材料挤压到工作台上,材料冷却后便形成了工件的截面轮廓。

采用FDM工艺制作具有悬空结构的工件原型时需要支撑结构的支持。为了节省材料成本和提高成型的效率,新型的FDM设备采用了双喷头的设计,一个喷头负责挤出成型材料,另外一个喷头负责挤出支撑材料。

一般来说,用于成型的材料丝相对更精细一些,而且价格较高,沉积效率也较低。用于制作支撑材料的丝材会相对较粗一些,而且成本较低,但沉积效率会更高些。支撑材料一般会选用水溶性材料或比成型材料熔点低的材料,这样在后期处理时通过物理或化学的方式就能很方便地把支撑结构去除干净。

5. 三维印刷成型

三维印刷工艺(Three Dimension Printing,3DP)由美国麻省理工大学的Emanual Sachs教授发明于1993年。3DP的工作原理类似于喷墨打印机,是形式上最为贴合"3D打印"概念的成型技术之一。三维印刷法是利用喷墨打印头逐点喷射粘合剂来粘结粉末材料的方法制造原型。3DP工艺与SLS工艺也有着类似的地方,采用的都是粉末状的材料,如陶瓷、金属、塑料,但与其不同的是3DP使用的粉末并不是通过激光烧结粘合在一起的,而是通过喷头喷射胶粘剂将工件的截面"打印"出来并一层一层堆积成型的,图1-18所示为3DP的技术原理。

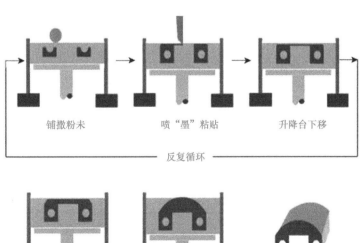

铺撒粉末　　　喷"墨"粘贴　　　升降台下移

——— 反复循环 ———

打印中　　　最后一层　　　打印成件

图1-18　三维印刷法原理图

首先设备会把工作槽中的粉末铺平,接着喷头会按照指定的路径将液态胶粘剂(如硅胶)喷射在预先粉层上的指定区域中,此后不断重复上述步骤直到工件完全成型后除去模型上多余的粉末材料即可。3DP技术成型速度非常快，适用于制造结构复杂的工件，也适用于制作复合材料或非均匀材质材料的零件。图1-19所示为采用3DP工艺制作的结构陶瓷制品。

小作业

结合自己的理解，简述各种3D打印成型工艺的原理及特点。

图1-19　采用3DP工艺制作的结构陶瓷制品

6. 典型3D打印成型工艺比较

几种典型的3D打印成型工艺的比较见表1-2。

表1-2　几种典型的3D打印成型工艺的比较

	光固化成型SLA	分层实体制造LOM	选择性激光烧结SLS	熔融沉积成型FDM	三维打印技术3DP
优点	1）成型速度快，自动化程度高，尺寸精度高 2）可成形任意复杂形状 3）材料的利用率接近100% 4）成型件强度高	1）无需后固化处理 2）无需支撑结构 3）原材料价格便宜，成本低	1）制造工艺简单，柔性度高 2）材料选择范围广 3）材料价格便宜，成本低 4）材料利用率高，成型速度快	1）成型材料种类多，成型件强度高 2）精度高，表面质量好，易于装配 3）无公害，可在办公室环境下进行	1）成型速度快 2）成型设备便宜
缺点	1）需要支撑结构 2）成型过程发生物理和化学变化，容易翘曲变形 3）原材料有污染 4）需要固化处理，且不便进行	1）不适宜做薄壁原型 2）表面比较粗糙，成型后需要打磨 3）易吸湿膨胀 4）工件强度差，缺少弹性 5）材料浪费大，清理废料比较困难	1）成型件的强度和精度较差 2）能量消耗高 3）后处理工艺复杂，样件的变形较大	1）成型时间较长 2）需要支撑 3）沿成型轴垂直方向的强度比较弱	1）一般需要后序固化 2）精度相对较低
应用领域	复杂、高精度、艺术用途的精细件	实体大件	铸造件设计	塑料件外形和机构设计	应用范围广泛
常用材料	热固性光敏树脂	纸、金属箔、塑料薄膜等	石蜡、塑料、金属、陶瓷粉末等	石蜡、塑料、低熔点金属等	各种材料粉末

1.4　3D打印材料

同学们，你们知道3D模型都是用什么材料打印出来的吗？下面一起来看一下吧。

3D打印技术的兴起和发展，离不开3D打印材料的发展。正如前面所述，3D打印有多种技术种类，如SLS、SLA和FDM等，每种打印技术的打印材料都是不一样的，比如SLS常用的打印材料是金属粉末，而SLA通常用光敏树脂，FDM采用的材料比较广泛如ABS塑料、PLA塑料等。

当然，不同的打印材料针对不同的应用，目前3D打印材料还在丰富中，材料的丰富和发展也是3D技术能够普及、能够带来所谓"第三次工业革命"的关键。

1．快速成型材料的分类

1）按材料的物理状态分类，可以分为：液体材料、薄片材料、粉末材料、丝状材料等。

2）按材料的化学性能分类，可以分为：树脂类材料、石蜡材料、金属材料、陶瓷材料及其复合材料等。

3）按材料成型方法分类，可以分为：SLA材料、LOM材料、SLS材料、FDM材料等。

本书主要按材料成型方法分类进行介绍。

2．光固化快速成型材料

（1）光固化快速成型材料的特点

光固化快速成型技术所使用的材料为反应型的液态光敏树脂，或称为液态光固化树脂，在光化学反应作用下从液态转变为固态。光固化材料是一种既古老又崭新的材料，与一般固化材料比较，光固化材料具有下列优点：

1）固化快，在几秒钟内固化，可应用于要求立刻固化的场合。

2）不需要加热，这一点对于某些不耐热的塑料、光学、电子零件来说十分有用。

3）可配成无溶剂产品，使用溶剂会涉及到许多环境问题和审批手续问题，因此每个工业部门都力图减少使用溶剂。

4）节省能量，各种光源的效率都高于烘箱。

5）可使用单组分，无配置问题，使用周期长。

6）可以实现自动化操作及固化，提高生产的自动化程度，从而提高生产效率和经济效益。

（2）光固化快速成型材料的组成

光固化树脂材料中主要包括齐聚物、反应性稀释剂及光引发剂。

齐聚物是光敏树脂的主体，是一种含有不饱和官能团的基料，它的末端有可以聚合的活性基团，一旦有了活性种，就可以继续聚合长大，一经聚合，分子量上升极快，很快就可成为固体。齐聚物决定了光敏树脂的基本物理化学性能，如液态树脂的粘度、固化后的强度、硬度、固化收缩率、溶胀性等。

光引发剂是激发光敏树脂交联反应的特殊基团，当受到特定波长的光子作用时，会变成具有高度活性的自由基团，作用于基料的高分子聚合物，使其产生交联反应，由原来的线状聚合物变为网状聚合物，从而呈现为固态。光引发剂的性能决定了光敏树脂的固化程度和固化速度。

稀释剂是一种功能性单体，可以调节齐聚物的粘度，也参加聚合反应。

（3）光固化快速成型材料的分类

根据光引发剂的引发机理，光固化树脂可以分为3类：自由基光固化树脂、阳离子光固化树脂、混杂型光固化树脂。

1）自由基光固化树脂，主要有3类：①环氧树脂丙烯酸酯：该类材料聚合快、原型强度高但脆性大且易泛黄；②聚酯丙烯酸酯，该类材料流平性较好，固化质量也较好，成型制件的性能可调范围较大；③聚氨酯丙烯酸酯，该类材料生成的原型柔顺性和耐磨性好，但聚合速度慢。

2）阳离子光固化树脂，主要成分为环氧化合物。用于光固化工艺的阳离子型齐聚物和活性稀释剂通常为环氧树脂和乙烯基醚。环氧树脂是最常用的阳离子型齐聚物，其优点如下：

①固化收缩小，预聚物环氧树脂的固化收缩率为2%～3%，而自由基光固化树脂的预聚物丙烯酸酯的固化收缩率为5%～7%；②产品精度高；③阳离子聚合物是活性聚合，在光熄灭后可继续引发聚合；④氧气对自由基聚合有阻聚作用，而对阳离子树脂则无影响；⑤粘度低；⑥生坯件强度高；⑦产品可以直接用于注塑模具。

3）混杂型光固化树脂。目前的趋势是使用混杂型光固化树脂。其优点主要有：①环状聚合物进行阳离子开环聚合时，体积收缩很小甚至产生膨胀，而自由基体系总有明显的收缩。混杂型体系可以设计成无收缩的聚合物。②当系统中有碱性杂质时，阳离子聚合的诱导期较长，而自由基聚合的诱导期较短，混杂型体系可以提供诱导期短而聚合速度稳定的聚合系统。③在光照消失后阳离子仍可引发聚合，故混杂体系能克服光照消失后自由基迅速失活而使聚合终结的缺点。

图1-20～图1-22所示，都是用树脂制成的产品。

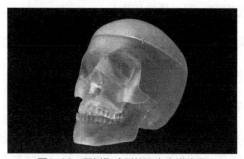

图1-20　用树脂成型的远古人类头骨

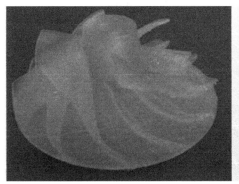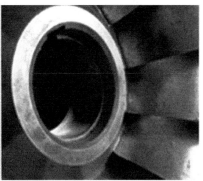

图1-21　用树脂成型的航空小零件

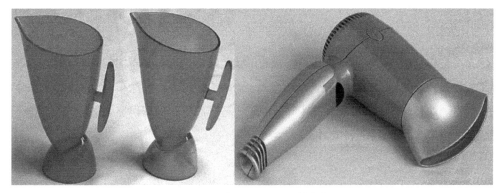

图1-22　SLA制作的电器产品外壳件原型

3．叠层实体制造成型材料

叠层实体制造成型材料为涂有热熔胶的薄层材料，层与层之间的粘接靠热熔胶保证。根据对原型件性能要求的不同，薄片材料可分为纸片材、金属片材、陶瓷片材、塑料薄膜和复合材料片材，其中纸片材应用最多。

（1）叠层实体快速成型材料的组成

叠层实体材料有薄型材料（纸、塑料）、粘接剂（胶）以及涂布工艺。

（2）叠层实体材料的要求

1）纸的要求：

① 抗湿性好，保证不会因时间长而吸水，从而保证热压过程中不会因为水分的损失而发生变形。

② 良好的浸润性，保证良好的涂胶能力。

③ 抗拉强度好，保证在加工过程中不被拉断。

④ 收缩率小，保证热压过程中不会因为水分的损失而产生变形。

⑤ 剥离性好，容易打磨，稳定性好。

2）胶的要求：

① 良好的热熔稳定性。

② 在反复的热熔-固化条件下，具备好的物理和化学稳定性。

③ 熔融状态下与纸具有好的涂挂性及黏结性。

④ 与纸具有足够的黏结强度。

⑤ 良好的废料剥离分离性能。

（3）涂布工艺

涂布工艺包括涂布形状和涂布厚度。涂布形状包括均匀涂布和不均匀涂布，均匀涂布采用狭缝刮板涂布，不均匀涂布有条纹式和颗粒式。一般来讲，不均匀涂布可以减少应力集中，但是设备很贵。涂布厚度指在纸上涂多少厚度的胶，选择原则是保证可靠的黏结性的前提下，尽可能少涂，以减少变形、溢胶和错位。

图1-23　奥迪轿车刹车钳体精铸母模的LOM原型

4．选择性激光烧结成型材料

选择性激光烧结成型技术以粉末作为烧结材料，其来源较为广泛，并且在成型过程中，每一层没有烧结的粉末可起到支撑作用，所以不用专门使用支撑材料及在数字模型中设计支撑结构。

目前，研究比较多的烧结材料有聚合物粉末材料、金属粉末材料、陶瓷粉末材料和纳米复合材料等。

选择性激光烧结成型对材料的要求就是，容易制备成粉末，熔点低。使用这种材料制作的几件产品如图1-24～图1-26所示。

图1-24 尼龙铝粉材料打印的产品

图1-25 陶瓷制品

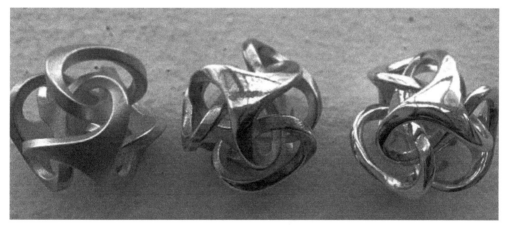

图1-26 不锈钢物件

5．熔融沉积制造成型材料

熔融沉积制造成型材料主要在于热喷头喷出材料时要求既保持一定的形状又有良好的粘接性能，一般为丝状热塑性材料，常用的有ABS、PC（Poly carbonate，聚碳酸酯）、尼龙、人造橡胶和石蜡等，如图1-27和图1-28所示。FDM工艺制品如图1-29和图1-30所示。

熔融沉积快速成型对材料的要求有以下几点：

1）材料的粘度低，流动性好，阻力小，有利于材料的顺利挤出。

2）材料熔融温度低，可以在很低的温度下挤出，有利于提高喷头的寿命。

3）收缩率低，成型后工件变形小，精度高。

4）粘结性越高，成型后工件的强度越高。

图1-27 ABS塑料

图1-28 PLA塑料

图1-29 FDM工艺制品1

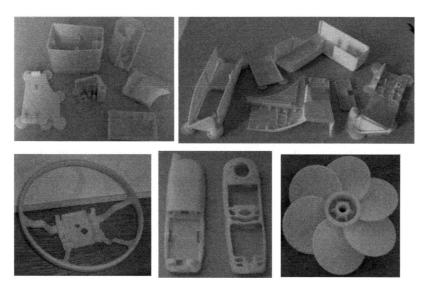

图1-30 FDM工艺制品2

目前已经大致介绍了3D打印常用的材料，3D打印的材料还在不断地发展。另外，应该认识到的是3D打印材料均是新开发和定制的，专用于3D打印，不论是FDM还是SLA或SLS技术，其对材料的要求都很高，而且现在3D打印的材料价格还是比较贵的。关于材料的通用性是有待解决的问题。

材料是3D打印的物质基础，也是当前制约3D打印发展的瓶颈。目前我国3D打印原材料缺乏相关标准，国内有能力生产3D打印材料的企业很少，特别是金属材料主要依赖进口，价格高，这就造成了3D打印产品成本较高，影响了其产业化的进程。因此，当前的迫切任务之一就是建立3D打印材料的相关标准，加大对3D打印材料的研发和产业化的技术和资金支持，提高国内3D打印材料的质量，从而促进我国3D打印产业的发展。可以预计，3D打印技术的进步一定会促进我国制造业的跨越发展，使我国从制造业大国成为制造业强国。

小 思考

同学们，你还知道别的3D打印材料吗？大家一起来探讨吧！

▶ **模块总结**

在这一模块，详细介绍了快速成型与3D打印的关系、实物成型的具体方法、3D打印的主要成型工艺以及3D打印的材料，由此对3D打印有了一个更加深入的了解。3D打印发展至今已经有了很大的进步，但是，3D打印的未来更加值得大家共同期待。

模块任务

学完本模块内容后，一起来完成下面的任务。

● **任务背景**

小夏的妈妈所从事的工作是通过3D打印设计制作个性配饰，看着一件件比工艺品还漂亮的配饰，小夏的眼里充满了喜欢，也间接地喜欢上了这种神奇的技术，更对3D打印材料有着莫名的好奇。你能通过自己所学知识画出结构图向小夏详细展示并使她明白3D打印快速成型技术以及常用的3D打印材料吗？

● **任务组织**

分组，两人一组，分析任务目的，制订任务计划，执行任务，并进行任务总结和评价以及任务反馈。

一轮任务时间15min左右，如时间允许，可轮流进行。

课后练习与思考

1. 什么是3D打印成型？

2. 实物成型的方法有哪些？

3. 3D打印的主要成型工艺有哪些？

4. 常用的3D打印材料有哪些？各自适用什么情况？

5. 你对3D打印有哪些了解？来和同学们一起分享吧！

模块2 3D打印基本处理流程

▶ 学习目标

● 熟悉3D打印快速成型流程。

● 了解3D打印快速成型的前、后处理工艺。

▶ 小问题

你知道3D打印是怎样进行的吗？下面一起来学习它的成型流程。

▶ 核心知识

2.1 3D打印快速成型流程概述

一般来说，3D打印快速成型制造工艺的全过程可以归纳为以下3个步骤，如图2-1所示。

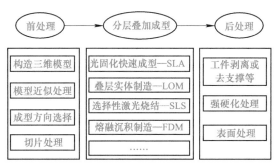

图2-1 快速成型制作过程

1）前处理。它包括工件的三维模型的构造、三维模型的近似处理、模型成形方向的选择和三维模型的切片处理。

2）快速成型加工。它是快速成型的核心，包括模型截面轮廓的制作与截面轮廓的叠合。根据切片处理的截面轮廓，在计算机的控制下，相应的成型头（激光头或喷头）按各截面轮廓信息做扫描运动，在工作台上一层一层地堆积材料，然后将各层相粘结，最终得到原型产品。

3）后处理。从成型系统里取出成型件（即工件的剥离），然后进行打磨、抛光、涂挂，或放在高温炉中进行后烧结，进一步提高其强度。

小作业

利用互联网工具，查找相关资料，叙述你对3D打印快速成型流程的理解。

为了帮助同学们更好地理解3D打印快速成型制造工艺的流程，本书还给出了快速成型制造系统，如图2-2所示。

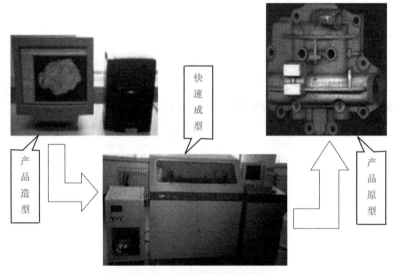

图2-2　快速成型制造系统

2.2　3D打印快速成型的前处理

3D打印快速成型的前处理包括三维模型的构建、三维模型的近似处理、模型成形方向的选择和三维模型的切片处理。下面结合光固化快速成形制作一把小扳手的过程来介绍快速成形的前处理流程。

1．三维模型的构建

由于快速成型系统是由三维CAD模型直接驱动的，因此首先要构建所加工工件的三维CAD模型。该三维CAD模型可以利用计算机辅助设计软件直接构建，常用的设计软件有UG、Pro/ENGINEER、SolidWorks、Mastercam和AutoCAD等；也可以将已有产品的二维图样进行转换而形成三维模型，或对产品实体进行激光扫描、CT断层扫描，得到点云数据，然后利用反求工程的方法来构建三维模型，如图2-3所示。这里结合案例，还制作了小扳手的三维原始模型，如图2-4所示。

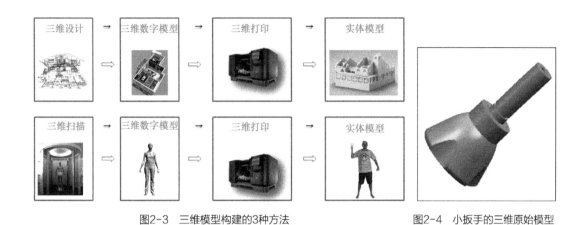

图2-3　三维模型构建的3种方法　　　　　　　　图2-4　小扳手的三维原始模型

2．三维模型的近似处理

由于产品往往有一些不规则的自由曲面，加工前要对模型进行近似处理，以方便后续的数据处理工作。由于STL格式的文件格式简单、实用，目前已经成为快速成型领域的准标准接口文件。它是用一系列的小三角形平面来逼近原来的模型，每个小三角形用3个顶点坐标和一个法向量来描述，三角形的大小可以根据精度要求进行选择。STL文件有二进制码和ASCII码两种输出形式，二进制码输出形式所占的空间比ASCII码输出形式的文件所占用的空间小得多，但ASCII码输出形式可以阅读和检查。典型的CAD软件都带有转换和输出STL格式文件的功能。结合案例，制作了小扳手的STL数据模型，如图2-5所示。

图2-5　CAD模型的STL数据模型

3．模型成型方向的选择

根据被加工模型的特征选择合适的加工方向，也就是确定模型的摆放方位并根据需要决定是否施加支撑。摆放方位的处理是十分重要的，不但影响着制作时间和效率，更影响着后续支撑的施加以及原型的表面质量等。因此，摆放方位的确定需要综合考虑上述各种因素。一般情况下，从缩短原型制作时间和提高制作效率来看，应该选择尺寸最小的方向作为叠层方向。但是，有时为了提高原型制作质量以及提高某些关键部位和形状的精度，需要将最大的尺寸方向作为叠层方向摆放。有时为了减少支撑量，以节省材料及方便后处理，也经常采用倾斜摆放。确定摆放方位以及后续的施加支撑和切片处理等都是在分层软件系统上实现。

摆放方位确定后，便可以进行支撑的施加了，对于结构复杂的数据模型，支撑的施加是费时而精细的。支撑施加的好坏直接影响着原型制作的成功与否及制作的质量。支撑施加可以手工进行，也可以使用软件自动实现。软件自动实现的支撑施加一般都要经过人工核查，进行必要的修改和删减。为了便于在后续处理中去除支撑并获得优良的表面质量，目前，比较先进的支撑类型为点支撑，即支撑与需要支撑的模型面是点接触。如图2-6所示，小扳手的支撑即为点支撑。

图2-6　小扳手的摆放方位及施加支撑

4. 三维模型的切片处理

根据被加工模型的特征选择合适的加工方向，在成型高度方向上用一系列一定间隔的平面切割近似后的模型，以便提取截面的轮廓信息。间隔一般取0.05~0.5mm，常用0.1mm。间隔越小，成型精度越高，但成型时间也越长，效率就越低，反之则精度低，但效率高。小扳手的光固化快速原型如图2-7所示。

小作业

通过本节内容的学习，要求同学们结合自己的计算机知识构建一个三维模型，并进行三维模型的近似处理和切片处理，为后续3D打印成型做准备。

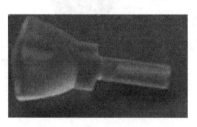

图2-7　小扳手的光固化快速原型

2.3　3D打印快速成型的后处理

前处理工序完成后就进入了快速成型的核心部分，也就是自由成型阶段。这部分知识将在本书的第三部分进行详细介绍，这里就不再赘述，只给出其分层叠加过程图，如图2-8所示。

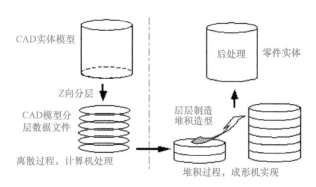

图2-8 分层叠加成型过程

成型过程结束后，从RP系统上取下的原型往往需要进行剥离，以便去除废料和支撑结构，有的还需要进行后固化、修补、打磨和表面强化处理等，这些工序统称为后处理。例如，SLA成形件需置于大功率紫外箱（炉）中进一步内腔固化；SLS成形件的金属半成品需要置于加热炉中烧除黏结剂、烧结金属粉和渗铜；3DP和SLS的陶瓷成形件也需置于加热炉中烧除黏结剂、烧结陶瓷粉。

此外，制件可能在表面状况或机械强度等方面还不能完全满足最终产品的需要。例如，制件的表面不够光滑，其曲面上存在因分层制造引起的小台阶，以及因STL格式化而造成的小缺陷；制件的薄壁和某些小特征（如孤立的小柱、薄筋）强度、刚度不足；制件的某些尺寸、形状还不够精确；制件的耐温性、耐湿性、耐磨性、导电性、导热性和表面硬度不够满意；制件表面的颜色不符合产品的要求等。因此，在RP之后，一般都必须对制件进行适当的后处理。其中，修补、打磨和抛光是为了提高表面的精度，使表面光洁；表面涂覆是为了改变表面的颜色，提高强度、刚度和其他性能。

1．立体光固化快速成型技术的后处理

1）取出样件：待制件从成型腔中升起后，将铲刀插入样件与工作台面间，从工作台上取出样件并放置在漏斗内，排出样件里的液态树脂。

2）去除支撑：用铲子和镊子等工具去除样件的支撑结构。

3）清洗样件：将去除支撑后的样件放入洗槽内用酒精清洗，注意清除圆柱孔内、深孔、小夹槽等细小机构内的树脂。对于薄壁零件，应使用酒精快速清洗。

4）干燥样件：清洗结束后，立即用风枪吹干样件表面，但要注意吹干温度不能过高，以防零件变形。吹干后样件表面应无粘手现象，注意样件的摆放，防止其变形。

5）打磨及加工：用砂纸和锉刀等对样件进行打磨。

下面是某一种SLA原型后处理的步骤，如图2-9所示。

原型制作结束后，工作台升出液面，停留5~10min，以晾干多余的树脂。

将原型侵入酒精等清洗液体中，晃动并刷掉残留的气泡。

取出晾干，将原型从支撑上剥离开。

打磨成型。

图2-9　光固化成型后处理

2．叠层实体制造成型的后处理

1）去除余料：去除余料是一个极其繁琐的辅助过程，它需要工作人员仔细和耐心，并且最重要的是要熟悉制件的原型，这样在剥离过程中才不会造成损坏。

2）后置处理：去除余料以后，为了提高原型的性能和便于表面打磨，经常需要对原型进行表面涂覆处理，表面涂覆可以实现良好的密封，而且同时可以提高原型的强度和抗热抗湿性。

表面涂覆可以分以下几步完成：

首先，将剥离的原型表面用砂纸轻轻打磨，如图2-10所示。

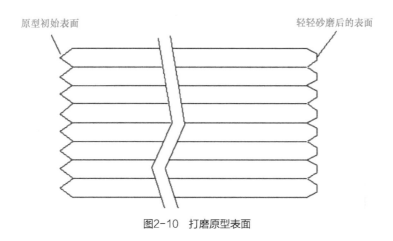

原型初始表面　　　　　　　　　　　　　　　　　轻轻砂磨后的表面

图2-10　打磨原型表面

第二步，在原型表面涂刷一层混合后的按规定比例配备的涂覆材料（如双组份环氧树脂的重量比：100份TCC-630配20份TCC-115N硬化剂），因材料的粘度较低，材料会很容易浸入纸基的原型中，浸入的深度可以达到1.2～1.5mm。

第三步，涂覆同样的混合后的环氧树脂材料，填充表面的沟痕并长时间固化，如图2-11所示。

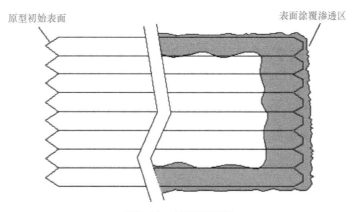

原型初始表面　　　　　　　　　　　　　　　　　表面涂覆渗透区

图2-11　表面涂覆渗透

第四步，对表面已经涂覆了坚硬环氧树脂材料的原型再次用砂纸进行打磨，打磨之前和打磨过程中应注意测量原型的尺寸，以确保原型尺寸在要求的公差范围之内。

最后，对原型表面进行抛光，达到无划痕的表面质量之后进行透明涂层的喷涂，以增加表面的外观效果，如图2-12所示。

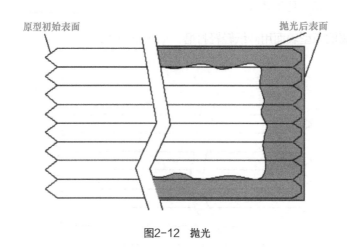

原型初始表面　　　　　　　　　　　　　　　　抛光后表面

图2-12　抛光

只有经过必要的后置处理工作，才能满足成型件在表面质量、尺寸稳定性、精度和强度等方面的要求。

3.激光快速成型工艺的后处理

1）制件清理：制件清理是将成型件附着的未烧结粉末与制件分离，露出制件真实烧结表面的过程。制件清理是一项细致的工作，操作不当会影响制件质量。大部分附着在制件表面的敷粉可采用毛刷刷掉，附着较紧或细节特征处应仔细剔除。制件清理过程在整个成型过程中是很重要的，为保证原型的完整和美观，要求工作人员熟悉原型并有一定的技巧。

2）后处理：为了使烧结件在表面状况或机械强度等方面具备某些功能性需求，保证其尺寸稳定性、精度等方面的要求，需要对烧结件进行相应的后处理。对于具有最终使用性功能要求的原型制件，通常采取渗树脂的方法对其进行强化。而用作熔模铸造型芯的制件，通过渗蜡来提高表面光洁度和强度。

另外，若存在原型件表面不够光滑，其曲面上存在因分层制造引起的小台阶，以及因格式化而可能造成的小缺陷、原型的薄壁和某些小特征结构（如孤立的小柱、薄筋）可能强度、刚度不足。原型的某些尺寸、形状还不够精确。制件表面的颜色可能不符合产品的要求等问题时，通常需要采用修整、打磨、抛光和表面涂覆等后处理工艺。

4.熔融沉积快速成型的后处理

主要是对成型表面进行表面处理，去除实体的支撑部分，对部分实体表面进行处理，使成型精度和表面粗糙度等达到要求。但是，成型的部分复杂和细微结构的支撑很难去除，在处理过程中会出现损坏成型表面的情况，从而影响成型表面的品质。

1）加工完毕后，零件保温，之后用小铲子小心取出原型。

2）小心去除支撑，用砂纸打磨台阶效应较明显处，用小刀处理多余部分，用填补液处理台阶效应造成的缺陷，用上光液把原型表面上光。

3）FDM工艺需要有支撑，当支撑与原型材料相同时，手工去除支撑需要一定的技巧，复杂、细小特征处的支撑剥离效果较差，影响原型件的精度和表面质量。

4）采用双喷头和双材料技术成形时，一个喷头用于挤喷模型材料，一个喷头用于挤喷支撑材料，而支撑可以选择水溶材料、低于模型材料熔点的热熔材料等。成形之后，支撑很容易去掉，留下光滑、清洁、精确的原型件，没有刮痕和擦伤，细小的特征会保留得完整无缺。

▶▶ 小提示

在实际加工过程中，根据成型工艺的不同、材料的不同以及成型后制件的用途不同，后处理工艺也各有不同，需要在生产过程中根据实际情况来确定。

▶ 模块总结

通过以上的介绍，读者应该已经掌握了3D打印的基本处理流程，对3D打印的前处理和后处理工序有了一定的了解，但就像在书中所介绍的，3D打印的工艺流程并不是一成不变的，也需要根据具体的加工工艺和产品成型进行调整。

▶ 模块任务

学完本模块内容后，一起来完成下面的任务。

● **任务背景**

冬冬是一名非常爱思考的学生，自从学校开设了《3D打印快速成型技术》这门课程后，总想着学以致用，制作出一个小成品出来。通过多方面学习和查找资料，最终他决定加工一个"自由女神像"模型，作为自己这段时间学习成果的展示。如果你是冬冬，你能制订出"自由女神像"的3D打印快速成型流程吗？

● **任务组织**

分组，每3人一组，选出一名组长，由组长负责工作分配，3人分工合作，收集资料，制订工艺流程，分析判断工艺流程的合理性，如不合理，则应进行改正。

一轮任务的时间为30min左右。

课后练习与思考

1. 简要叙述3D快速打印成型的流程。

2. 3D打印快速成型的前处理工序有哪些？

3. 3D打印快速成型的后处理工序的作用是什么？

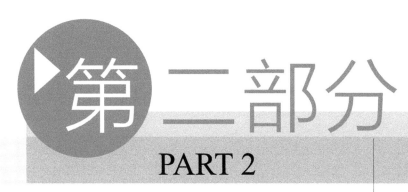

第二部分
PART 2

3D打印成型技术分类

模块3　熔融沉积成型

▶ 学习目标

- ● 掌握熔融沉积成型技术的工艺原理与工艺特点。
- ● 掌握熔融沉积成型技术的工艺过程。
- ● 了解FDM成型材料和支撑材料的种类及特性。
- ● 了解熔融沉积成型技术的应用领域和发展方向。

▶ 猜一猜

猜一猜图3-1所示的茶具样品是使用什么材料制作的，它又是通过什么方法制作的？

图3-1　茶具样品

　　是的，这件是采用熔融沉积成型技术制造的PLA塑料成品，只是采用了茶色的原料，是不是很逼真？塑料产品是人们生活中应用最多的用品，例如杯子、水盆、工艺品等。令人不可思议的是现在这些塑料用品基本全部都可以使用3D打印机进行个性化快速制作。

　　下面一起来学习有关熔融沉积成型的知识。

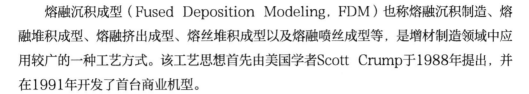

内容预热

熔融沉积成型（Fused Deposition Modeling，FDM）也称熔融沉积制造、熔融堆积成型、熔融挤出成型、熔丝堆积成型以及熔融喷丝成型等，是增材制造领域中应用较广的一种工艺方式。该工艺思想首先由美国学者Scott Crump于1988年提出，并在1991年开发了首台商业机型。

在描绘熔融沉积式打印技术工作原理之前，可以先设想这样一个场景：蛋糕店里面挤蛋糕花，把奶油装进一个锥形（像一把老式雨伞）的塑料里，顶部开一个小孔，然后把这个塑料锥形头朝下，向盘子上面挤，边挤变移动，就像写毛笔字一样，当完成第一层的堆积后，向上抬一点，重复第一层的工作，以此类推，重复以上过程，直至最终堆出想要的形状，其实这就是FDM的基本思想。

随着全球FDM打印市场在个性化定制、家庭化和娱乐化几个方向发展趋势的增强，FDM打印工艺将得到快速普及。这将对未来产业产生重要影响，特别对未来设计师、工程技术人员和企业管理人员的产品设计思维产生深远影响。在本模块将学习FDM技术的工艺原理、工艺特点、工艺过程、FDM技术的应用领域和发展方向。

核心知识

3.1 熔融沉积成型技术的工艺原理和工艺特点

1. 熔融沉积成型技术的工艺原理

首先将原材料预先加工成特定直径（通常有1.75mm和3mm两种规格）的圆形线材，再通过送丝机构驱动圆形线材，经导向管（通常采用PEEK或者PI材料）进入喷头，在喷头内加热融化后由尖端喷嘴（喷嘴直径一般为0.2～0.8mm，其他条件相同的情况下，喷嘴直径越小，打印模型的表面精度越高）挤出。

熔融沉积成形过程中，成形系统将热塑性材料以一定压力送入被加热的喷头，在加热作用下材料通过喷头中的喷嘴挤出熔融状态的细丝，并在控制系统的作用下沿X-Y平面以一定路径扫描填充层片轮廓，完成一次平面扫描后工作平台沿Z轴向下移动一个层厚的距离，继续沉积下一层片轮廓，逐层堆积构建三维实体。打印过程中相邻丝材的粘结在热能和表面势能的作用下完成，并在一定环境温度下冷却成型。熔融沉积成型技术工艺原理如图3-2所示。

FDM工艺的一个关键点是保持从喷嘴中喷出的熔融状态下的原材料温度稍高于凝固点，一般是控制在比凝固点高5～10℃之间。如果温度太高，则会导致材料凝固不及时，会造成模型变形、表面精度不高等问题；但如果温度太低或者不稳定则容易造成喷头堵塞，导致打印失败。

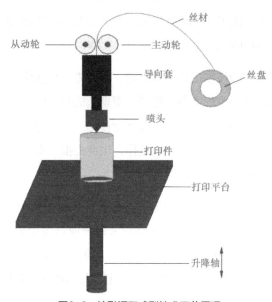

图3-2　熔融沉积成型技术工艺原理

2. 熔融沉积成型技术的工艺特点

熔融沉积成型工艺被广泛应用于各行业领域当中，且发展十分迅速，在国内乃至全球的增材制造系统应用中都占有重要地位。其具有如下优点：

1）成本相对较低。FDM工艺使用熔融加热成型材料，与其他使用激光器、电子枪等热源的增材制造工艺相比其设备制作和使用维护费用要低很多。此外，相对其他工艺，FDM工艺的原材料利用率较高且能耗低、污染小，绿色环保。

2）成型材料广泛。FDM工艺所使用的原材料非常广泛，工业中用于模型制作或者零部件的直接成型制造的材料主要有石蜡、PLA、ABS、聚碳酸酯、尼龙、低熔点金属、陶瓷等低熔点材料，以及应用于航空航天、生物医学等领域的复合材料，打印原材料的多样性是其他增材制造工艺不具备的。此外，FDM工艺可以沉积多种颜色的材料，而且所用的原材料基本是盘卷形式丝束，便于搬运、更换和存放。

3）后处理简单。FDM工艺成型件的支撑结构容易剥离，且模型制件的翘曲变形相对较小，经过简单的支撑剥离后基本可以满足使用要求，无需后固化处理及清理残余液体、粉末等操作步骤。

当然，FDM工艺与其他增材制造工艺相比，也存在不足之处：

1）成型件表面有较明显的条纹或者台阶效应，影响了成形件的表面质量。

2）成型件存在各向异性的力学特点，沿竖直叠加方向的粘结强度相对较弱。

3）成型工艺需要为倾斜、悬臂结构设计制作支撑结构，降低了材料利用率和加工效率。

4）打印模型的每一层均需按截面形状逐条填充，并且受惯性影响，喷头无法快速移动，致使打印过程缓慢，打印时间较长。

3.2　熔融沉积成型技术的工艺流程

FDM的工艺流程如图3-3所示。

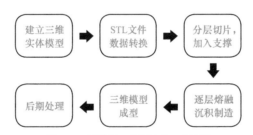

图3-3　熔融沉积成型技术工艺流程

（1）建立三维实体模型

利用计算机辅助设计软件绘制出产品三维模型。目前主流的三维设计软件如SolidWorks、Pro/ENGINEER、AutoCAD、UG等都可以使用。现在为了使3D打印能够更好地在中小学开展3D打印教学，已经有针对中小学专门开发的建模软件，如中望3Done、Autodesk 123D等。

小 思考

如果让你自己建模一组茶具样品模型，你会做吗？你打算怎么做？

（2）获得模型STL格式的数据

目前的快速成型技术设备一般可以接受RPI、CLI、SLC、SIF、STL等多种数据格式，其中美国的3D Systems公司开发的STL格式表达简单明了，其实质就是用无数多个细小的三角形来近似代替并且还原原来的三维CAD模型，与有限元中的网格划分有很大相似处。STL格式目前已普遍被快速成型设备接受，成为快速成型行业数据的一个标准。

（3）利用切片软件进行切片分层处理，设置打印参数

3D打印首先是对模型进行逐层分解，然后按照各层截面形状进行堆积制造，最后逐层累加而成。为打印出合格的模型，必须对STL格式三维模型进行切片，设置合适的打印参数，如打印层厚、打印速度、打印温度、填充类型等。目前使用比较多的切片软件主要有Slic3r和Cura两种，也有公司针对自己机器的特点开发了专用的切片软件。

（4）成型过程

打开打印机，并载入前处理生成的切片模型；将工作台面清理干净，待系统初始化完成后，即可执行打印命令，完成模型打印。

（5）后处理

由于FDM工艺的特性，需对成型后的原型进行相关的工艺处理，如去除支撑、打磨、抛光、喷漆等。

去除支撑结构是FDM技术的必要后处理工艺，复杂模型一般采用双喷头打印，其中一个喷头挤出的材料就是支撑材料，FDM的支撑材料有较好的水溶性，也可在超声波清洗机中用碱性（NaOH溶液）温水浸泡后将其溶解剥落。一般情况下，水温越高支撑材料溶解越快，但超过70℃时成型件容易受热变形，因此采用超声波清洗机去除支撑时将溶液温度控制在40~60℃之间。

打磨处理主要是去除成型件"台阶效应"达到表面光洁度和装配尺寸精度要求，可用水砂纸直接手工打磨的方法，但由于成型材料ABS较硬，会花费较长时间。也可采用天那水（香蕉水）浸泡涂刷使成型表面溶解平滑的方法，但需控制好浸泡时间或涂刷量，一般1次浸泡时间为2~5s，或用毛笔刷蘸天那水多次涂刷。

拓展知识 ● ● ● ●

气压式熔融沉积成型工艺

1. 气压式熔融沉积成型工艺的工作原理

气压式熔融沉积工艺，通过空气压缩机提供的压力将受热熔融状态的低黏度材料从喷头中挤出，覆于工作平台或前一沉积层之上。工作原理如图3-4所示。装置可以由气压部分、温控部分以及三维移动控制部分等组成。工作时，首先将材料倒入喷腔内，通过温控部分调节喷腔的温度，使材料进入熔融状态，同时为了保证沉积的稳定性，加热温度需要维持稳定。由于熔融状态的材料本身具有一定的黏度，在短时间内无法实现快速稳定沉积，因此需要引入气压，保证整体装置的气密性，通过调节气压的大小实现不同挤出速度的沉积。

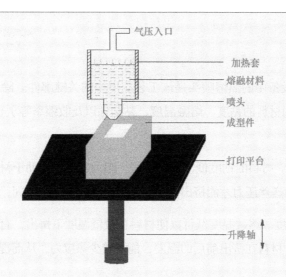

气压入口
加热套
熔融材料
喷头
成型件
打印平台
升降轴

图3-4　气压式熔融沉积成型技术工艺原理

气压式熔融沉积装置由4个部分组成：喷头结构部分、温控系统部分、气压系统部分以及三维运动控制部分。其中，喷头结构包含喷腔、喷嘴、加热套筒和进气口等结构，并需要保证喷头整体的气密性；温控系统包括加热套筒、热电偶、温控仪等部分，为了得到稳定的喷射效果，需要保证温控精度；气压系统包括了压力泵、气压控制装置、气路等部分；三维运动系统包括三维运动平台、控制计算机等，保证熔融状态下的材料沉积在工作台面上按照一定的路径进行，平台与计算机连接，通过上位机软件实现通信，可写入G代码实现对平台运动轨迹的控制，得到需要的沉积图形，也可以通过构建三维模型，通过系统自动生成G代码运动。

2. 气压式熔融沉积成型系统与传统FDM的比较

气压式熔融沉积成型系统具有与传统FDM系统一致的特点，工艺参数较多并且相互关联，如喷头温度，分层厚度，以及出丝速度、扫描速度及其方式和成丝宽度等，均对最终产品的质量有影响。但也有很多不同之处，概括起来主要如下：

1）FDM工艺一般采用低熔点丝状材料，如PLA或ABS塑料丝，如果采用高熔点的热塑性复合材料，或一些不容易加工成丝材的材料，如EVA材料等，则会相当困难。该系统无需再采用专门的挤压成丝设备来制造丝材，工作时只需要将塑性材料倒入喷头的腔体内，依靠加热装置将其加热到熔融挤压状态，不但避免了必须采用丝材材料这一限制，而且节省了一道工序，提高了生产效率。

2）所选的空气压缩机可提供1MPa范围内任何大小的气压，能准确控制使送入加热室的压缩气体压力恒定（不同材料其压力设定值可不同）。压力装置结构简单，提供的压力稳定可靠，成本低。

3）传统的FDM有较重的送丝机构为喷头输送原料，即用电机驱动一对送进轮来提供推力，送丝机构和喷头采用推—相结合的方式向前运动，作用原理类似于活塞。难免会有由于送丝滚轮的往复运动致使挤出过程不连续和因震动较大而产生的运动惯性对喷头定位精度的影响。改进后的气压式熔融沉积成型系统由于没有了运丝部分而使喷头变得轻巧，减小了机构的振动，提高了成型精度。

3.3 熔融沉积成型技术的成型材料

1. 成型材料

熔融沉积成型设备中的热熔喷头是该工艺应用中的关键部件。除了热熔喷头以外，成型材料的相关特性（如材料的黏度、熔融温度、黏结性以及收缩率等）也是FDM工艺应用过程中的关键。

1）材料的粘度。材料的粘度低、流动性好，阻力就小，有助于材料顺利挤出；材料的流动性差，需要很大的送丝压力才能挤出，会增加喷头的启停响应时间，从而影响成型精度。

2）材料熔融温度。熔融温度低可以使材料在较低温度下挤出，有利于提高喷头和整个机械系统的寿命。减少材料在挤出前后的温差，能够减少热应力，从而提高原型的精度，并降低能耗。

3）黏结性。FDM原型的层与层之间往往是零件强度最薄弱的地方，黏结性好坏决定了零件成型以后的强度。黏结性过低，在成型过程中可能会因热应力造成层与层之间开裂。

4）收缩率。由于挤出时，喷头内部需要保持一定的压力才能将材料顺利挤出，挤出后材料丝一般会发生一定程度的膨胀。如果材料收缩率对压力比较敏感，会造成喷头挤出的材料丝直径与喷嘴的名义直径相差太大，影响材料的成型精度。FDM成型材料的收缩率对温度不能太敏感，否则在成型过程中会产生零件翘曲、开裂。

目前可以用来制作线材或丝材的材料主要有石蜡、塑料、尼龙丝等低熔点材料和低熔点金属、陶瓷等。图3-5所示为FDM 3D打印的丝材。目前市场上普遍可以购买到的成型线材包括ABS、PLA、人造橡胶、铸蜡和聚酯热塑性塑料等，其中ABS和PLA最常用。

图3-5 FDM 3D打印丝材

材料是PLA还是ABS，从表面上很难判断，对比观察ABS呈亚光，而PLA很光亮。加热到195℃，PLA可以顺畅挤出，ABS不可以。加热到220℃，ABS可以顺畅挤出，PLA会出现鼓起的气泡，甚至被碳化，碳化会堵住喷嘴，导致无法打印。机械性能上肯定ABS要好得多，但是PLA是可生物降解塑料，是被认可的环保材料。打印PLA时气味为棉花糖气味，不像ABS那样有刺鼻的气味。

耗材选择ABS还是PLA？医疗、教学、食品等行业选择PLA，PLA材料打印模型更易塑形，也更易保持造型，难变形可降解的环保材料更适合医疗、教学、食品等环保要求较高的领域。制造业可选择ABS，ABS材料强度大于PLA，抗冲击性、耐热性、耐低温性、耐化学药品性及电气性能好，稍难降解、环保性稍差，更适合制造业领域。

小 思考

> 想一想ABS和PLA材料最大的区别是什么？如果要打印一个扳手，你觉得使用哪种材料更合适？

2. 支撑材料

根据FDM的工艺特点，切片软件必须对复杂产品三维CAD模型做支撑处理，否则在分层制造过程中，当上层截面大于下层截面时，上层截面的多出部分将会出现悬空，从而使截面部分发生塌陷或变形，影响成型零件的成型精度，甚至不能成型。支撑的另一个重要目的，即建立基础层。在工作平台和模型的底层之间建立缓冲层，减少模型层次的热变形，并使原型制作完成后便于与工作平台剥离。此外，支撑还可以给制造过程提供一个基准面。

针对FDM的工艺特点，支撑材料还应满足以下要求：

1）力学性能。丝状进料方式要求丝料具有一定的弯曲强度、压缩强度和拉伸强度，这样在驱动摩擦轮的推力作用下才不会发生断丝现象。

2）熔体黏度。支撑材料在不同温度下的熔体黏度和剪切速率对加工过程有很大影响。在FDM工艺中，熔体的黏度影响着材料是否能从喷头中挤出。

3）收缩率。支撑材料收缩率大，会使支撑产生翘曲变形而起不到支撑作用。所以，支撑材料的收缩率越小越好。

4）化学稳定性。由于FDM工艺过程中丝料要经受固态—液态—固态的转变，故要求支撑材料在相变过程中要有良好的化学稳定性。

5）热稳定性。支撑材料要长时间处于80℃左右的工作环境中，所以要求材料应有较高的玻璃化转变温度，并且在80℃左右的温度下还应保持一定的力学强度。

目前FDM工艺常用的支撑材料有可剥离性支撑材料和水溶性支撑材料两种。可剥离性支撑材料，具有一定的脆性，并且与成型材料之间形成较弱的黏结力；水溶性支撑材料，要保证良好的水溶性，应能在一定时间内溶于水或酸碱性水溶液。

与可剥离支撑材料相比较，水溶性支撑材料特别适合于制造空心及微细特征零件，解决了手工不易拆除支撑材料，或因模型特征太脆弱而被拆破的问题，并且能够改善支撑接触面的光洁度。因此目前市场上的支撑材料以水溶性的为主，常用的材料有PVA（可溶于水）、HIPS（可溶于柠檬烯）。

3.4　熔融沉积成型技术的应用

FDM技术适应和满足了现代先进制造业产品研发周期急剧缩短的需求，并且高性能的成型材料得以普及应用，使得FDM的发展十分迅速，成为近年来制造业最为热门的研究与开发课题之一。目前，此项技术已广泛应用于教育、机械、汽车、航空航天、医疗、艺术和建筑等行业，并取得显著的成绩。

1. FDM技术在教育中的应用

FDM成型技术可以让枯燥的课程变得生动起来，它是一种同时拥有视觉和触觉的学习方式，具有很强的诱惑力。在触觉学习中，学生不是在黑板或显示器上简单地看文字或图形，而是通过他们的触觉抓住核心概念的三维模型，这样能够吸收和消化知识，使学生不再遗忘所学的课程。英国著名教师戴夫怀特曾经说过：如果你能抓住学生的想象力，你就能抓住他们的注意力。图3-6所示为FDM 3D打印技术在教学中的应用。

图3-6　FDM 3D打印技术在教学中的应用

FDM成型技术走进课堂，能让学生在创新能力和动手实践能力上得到训练，将学生的创意、想象变为现实，培养学生动手和动脑的能力，从而实现学校培养方式的变革。学生可以使用计算机完成设计，然后通过FDM技术制作，让虚拟世界的创作与现实世界的制作实现无缝连接。相信未来，越来越多的学校会引进FDM技术，帮助学生学习和创新。图3-7所示为

FDM 3D打印技术制作的各类教学模型。

图3-7　FDM 3D打印技术制作的教学模型

2. FDM技术在工业上的应用

FDM作为一项先进制造技术，可以在舍弃传统加工工具（如刀具、工装夹具等）的情况下，直接使用产品三维数据，快速、直接、精确地将虚拟的数据模型转化为具有一定功能的实体模型，实现复杂形状的产品制造。

（1）FDM技术用于产品开发

FDM技术实现三维数据到实体模型的快速转变，使得设计师以前所未有的直观方式体验设计的感觉，并能够使产品结构的合理性、可装配性、美观性等迅速得到验证，可及时发现设计中的问题并修改完善设计产品，使设计与制造过程紧密结合，成为集"创意设计—FDM—样品制作"于一体的现代产品设计方法。图3-8所示为利用FDM 3D打印技术对洒水器、耳机、水壶构件进行装配验证。此外，在压铸模具产品开发的过程中，由于压铸模具产品具有形状结构复杂，曲面、筋肋、窄槽较多的特点，设计过程中很容易存在失误或考虑不充分的地方，虽然在实体模型加工出来后，存在的问题会被发现并解决，但这无疑延长了产品的开发周期，增加了研发成本，而利用FDM技术，能够快速制造出模具样品，方便验证产品设计的合理性，不仅缩短了产品的研发周期，还减少了研发成本，带来的经济效益是非常显著的。

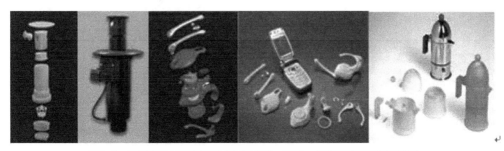

图3-8　利用FDM 3D打印技术对洒水器、耳机、水壶构件进行装配验证

（2）FDM技术用于零件的加工

3D打印技术与通过零件拼装及切割、焊接技术制造产品的传统制造业有很大不同，摒弃了以去除材料为主要形式的传统加工方法。FDM采用塑料、树脂或低熔点金属为材料，可便捷地实现几十件到数百件数量零件的小批量制造，并且不需要工装夹具或模具等辅助工具的设计与加工，大大降低了生产成本。比如，日本丰田公司利用FDM技术在汽车设计制造中获得了巨大收益，利用该项技术仅在Avalon汽车4个门把手上省下的加工费用就超过了30万美元；美国太空探索技术公司将采用FDM技术的3D打印机送入空间站，其首要目的是用来测试评估3D打印技术在太空微重力环境下的工作情况，但也表示宇航员可以通过该机器打印所需要的零件，以减轻地球向空间站运输的物资。图3-9所示为利用FDM 3D打印技术加工的空客直升机（AH）的功能性部件。

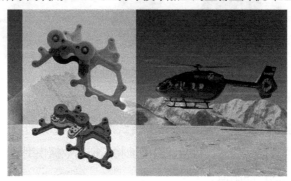

图3-9　FDM 3D打印技术加工的空客直升机（AH）的功能性部件

3．FDM技术在其他行业的应用

FDM技术凭借其多方面的优势，不仅在工业上广泛使用，在生物医学、考古、工艺品制作以及饮食等行业也得到很好地使用。在生物医学领域，根据扫描等方法得到的人体数据，利用FDM技术制造出人体局部组织或器官的模型，可以在临床上用于复杂手术方案的确定（图3-10和图3-11所示分别为利用PA材料打印的手术导板和外科术前模型），即制造解剖学体外模型，也可以制造组织工程细胞载体支架结构（人体器官），即作为生物制造工程中的一项关键技术；在工艺品制作领域，FDM技术可以将所设计工艺品的三维数据模型快速转变为实体模型，检验设计产品的安全性和美观性等；在饮食行业，3D Systems公司宣布与著名巧克力品牌"好时"合作，开发全新的食物3D打印机，通过将巧克力、糖果等零食原材料熔化挤压成型，最终打印成所设计的形状。图3-12所示为利用FDM 3D打印技术打印出来的食品。

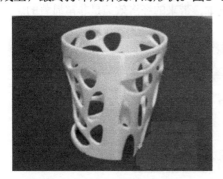

图3-10　PA材料打印的手术导板

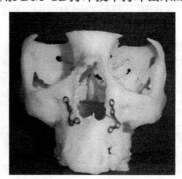

图3-11　外科术前模型

| 海豹（土豆泥） | 双色莲花（豆沙） | 船（水晶粉） |
| 别墅（豆沙） | 水果味（巧克力） | 枫叶（山楂） |

图3-12 FDM 3D打印技术打印出来的食品

小思考

你觉得目前FDM 3D打印发展的应用领域存在哪些问题，请举出一两个例子来说明（提示：比如在医疗领域，材料制约了它的应用）。

3.5 熔融沉积成型技术的发展方向

凭借智能制造技术的逐渐成熟，以及新的信息技术、控制技术、材料技术等在制造领域的广泛应用，不仅是FDM技术，整个3D打印行业都将被推向更高的层面。未来，FDM技术的主要发展趋势将体现在精密化、智能化、通用化以及便捷化等方面。

1）直接面向产品的制造：提升3D打印的效率和精度，制定连续、大件、多材料的工艺方法，提升产品的质量与性能。

2）通用化：减小机器体型，降低成本，操作简单化，使之更适应设计与制造一体化和家庭应用的需求。

3）集成化与智能化发展：使CAD/RP等相关软件一体化，工件设计与制造无缝对接，设计人员通过网络控制远程制造。

4）拓展应用领域：3D打印技术在未来的发展空间，很大程度上由其是否具有完整的产业链决定，包括设备制造、材料研发与加工、软件设计以及服务商，若应用没有跟上，反过来就会限制技术的发展。

▶ 模块总结

应该说FDM成型工艺是人们生活中使用最多也最普及的一种3D打印技术，是最需要熟练掌握的一种3D打印工艺。在这个模块中系统阐述了熔融堆积成型技术的工艺原理、工艺特点和工艺过程，这是核心内容也是难点，需要读者多进行研究性学习和谈论巩固所学知识。另外，还介绍了熔融堆积成型技术成型材料和支撑材料的种类、特性及选择。特别要了解PLA材料和ABS材料的选择和区别，达到能够实际应用。熔融堆积成型技术在教育、工业、生物医学、食品等领域的应用非常广泛，未来FDM打印技术的主要发展趋势将体现在精密化、智能化、通用化以及便捷化等方面。

模块任务

学完本模块内容后，一起来完成下面的任务。

● 任务背景

你们学校采购了一批FDM 3D打印机，你的小伙伴尼尼对熔融沉积成型工艺很感兴趣，想要了解该工艺的成型过程。于是你打算自己通过画图并结合学校的3D打印机将该工艺的成型过程展示出来，并通过结构图进行说明，使你的小伙伴能够理解并复述出这个工艺过程。

● 任务组织

分组，每组3人，两人进行任务，另一人进行任务观察。任务结束后在3DMonster系统中进行总结和评价。

一轮任务时间：15min左右。时间充裕可轮流进行任务。

课后练习与思考

1. 简述熔融沉积制造成型技术的工艺原理。

2. 简述熔融沉积制造成型技术的工艺特点。

3. 简述熔融沉积制造成型技术的工艺过程。

4. 简述气压式熔融沉积制造成型技术的工艺原理。

5. 简述PLA和ABS的区别及各自的应用场合。

6. 熔融沉积制造成型技术主要应用在哪些领域？举例说明。

7. 谈一谈你对熔融沉积制造成型技术未来发展趋势的看法。

8. 分组在网上搜集更多关于熔融沉积制造成型技术的资料，整理成报告向全班同学做汇报。

模块4 选择性激光烧结成型

▶ 学习目标

● 掌握选择性激光烧结成型技术的工艺原理与工艺特点。

● 熟悉选择性激光烧结成型的工艺过程。

● 了解选择性激光烧结成型材料的国内外情况。

● 了解选择性激光烧结成型技术的应用领域和发展方向。

▶ 猜一猜

3D打印技术日趋成熟，与生活的联系也是越来越紧密，图4-1所示的足球鞋是不是很时尚，猜一猜它是哪种工艺制作的？

图4-1 足球鞋

这是著名运动品牌耐克公司设计的一款足球鞋，名字叫Vapor Laser Talon Boot，这双足球鞋的鞋底就是采用SLS技术将塑料粉末烧结成型制作的，一只鞋的重量只有75g，不但质量轻，而且还拥有优异的性能，你是不是也想打印一双穿上去参加足球比赛呢？下面一起来学习有关选择性激光烧结成型的知识。

▶ 内容预热

选择性激光烧结（Selective Laser Sintering，SLS）成型技术又称为粉末烧结技术。这种工艺方法最初是由美国德克萨斯大学奥斯汀分校的Carl Deckard于1986年提出的，在1988年成功研制出第一台SLS样机，并获得该项技术的发明专利。在1992年SLS技术授权给了美国DMT公司（已并入美国的3D Systems公司），后者逐步实现了SLS技术商业化。目前国外市场上美国的3D Systems和德国的EOS是两家最大的SLS系统及其成型材料的生产供应商。

近年来，国内也有很多科研单位、高校和公司在SLS技术领域做了大量的研究工作，其中具有代表性的有华中科技大学、华曙高科、北京隆源自动成型系统有限公司、南京航空航天大学、中北大学等。

SLS技术涉及计算机辅助设计（CAD）、计算机辅助制造（CAM）、激光技术、材料科学、计算机数字控制（CNC）等多学科的先进科学技术。经过二十多年的发展，现在SLS技术不再局限于为方便造型设计而制造高聚物的原型件，在更多的时候已经可以制造高分子、金属、陶瓷等零件，其应用领域还在不断延伸。而且随着成形材料和工艺的优化，零件制造的精度和强度都在提高，而制造周期明显缩短。

SLS技术广泛应用于新产品的研制、快速制模、复杂熔模和砂芯的制造、医学（如人工移植器官的个性化制造、医疗卫生方面的临床辅助诊断）、艺术品制造等领域。在本模块将学习SLS技术的工艺原理、工艺特点、工艺过程、SLS技术的应用领域和发展方向。

▶ 核心知识

4.1 选择性激光烧结成型技术的工艺原理和工艺特点

1. 选择性激光烧结成型技术的工艺原理

选择性激光烧结成型技术的工艺原理如图4-2所示。与其他增材制造技术方式相同，首先由CAD软件绘制待制作物体的三维模型，用分层切片软件对其进行切片处理，获得各截面形状的信息参数，并生成各截面的扫描轨迹参数。同时，将SLS成型机粉床上的粉末材料预热至材料熔融温度以下2~3℃之间，然后根据制件几何形体各层截面的扫描轨迹参数，在计算机的控制下，激光以一定的扫描速度和能量密度有选择地对材料粉末分层扫描。由于激光能量在选定的扫描轨迹上作用于粉末材料，使粉末材料黏结固化。一层烧结完成后，电机驱动工作台下降一个层厚的高度，用铺粉辊将新粉末材料均匀地铺放在前一固化层上，再进行下一层扫描烧结，新的一层和前一层烧结在一起，如此层层叠加，最终生成所需要的三维实体制件。

SLS技术成型过程中，未烧结的粉末对模型的悬臂及空腔等部分起到支撑作用，因此不需要像SLA、FDM等工艺那样添加支撑结构，成型能力强。SLS技术采用CO_2激光器作为热源，粉末材料目前主要有：高分子粉末材料、金属粉末材料、陶瓷粉末材料、覆膜砂等，采用的铺粉装置目前主要有辊子式铺粉装置、单缸双辊双向铺粉装置和"跳跃式"铺粉装置等几种形式。

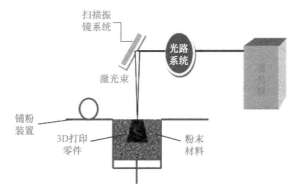

图4-2 选择性激光烧结成型技术的工艺原理示意图

小思考

想一想，选择性激光烧结成型技术为什么要预热？又如何控制预热温度呢？有时为什么还需要氩气保护？如果你现在还不能完全回答这些问题，那么就认真学习选择性激光烧结成型技术的特点吧！

2．选择性激光烧结成型技术的工艺特点

与其他增材制造技术相比，选择性激光烧结成型技术具有以下特点：

（1）选择性激光烧结成型技术的优点

1）成型材料非常广泛。从理论上讲，任何能够吸收激光能量而黏度降低的粉末材料都可以用于SLS，主要有塑料、陶瓷、金属粉末及它们的复合粉末。通过材料或各类含黏结剂涂层的颗粒制造出适应不同应用场合的模型。

2）材料利用率高。由于SLS技术成型过程中，不需要另外添加支撑结构，这样不仅可以节省成型材料，同时也能降低能源消耗，并提高成型速度；另外，SLS技术待工件成型完毕后，未被扫描到的粉末还是处于松散状态，可以被回收利用，材料利用率很高。

3）柔性度高。在计算机的控制下可以方便迅速地制造出传统加工方法难以实现的形状复杂的制件。在成型过程中不需要先设计支撑，未烧结的松散粉末起了支撑作用。这样就降低了模型设计的要求。也使得SLS技术可以成型几乎任意几何形状的零件，尤其是对含悬臂结构、中空结构、槽中套槽结构等复杂形状构件的制造特别方便、有效，并且成本低。

4）应用面广，生产周期短。由于SLS技术建立在各项技术高度集中的基础之上，从CAD设计到零件的加工完成只需几小时到几十小时。随着成型材料的多样化，使得SLS技术适用于更多应用领域，例如，用蜡做精密铸造蜡模，用热塑性塑料做消失模，用陶瓷做铸造型壳、型芯和陶瓷件，用金属粉末做金属零件等。

（2）选择性激光烧结成型技术目前存在的问题

1）表面光洁度不高。这是由于SLS技术采用的原材料是粉末状的，工件是材料粉末经过加热融化逐层粘接而成，因此工件表面具有粉末的颗粒质感，表面质量一般。

2）大尺寸工件存在翘曲等缺陷。在粉末烧结过程中，烧结层粉末存在瞬态的温度和密度改变。层中不同部分随着温度的变化产生热胀冷缩，以及粉末致密化的作用，都将引起模型收缩变形。而这种变形受到周围其他部分的制约，并不能完全自由发展，就会产生内应力，并最终导致制件发生翘曲。一旦发生翘曲，SLS成形过程被中断，工件制造无法完成，在大尺寸工件制造中体现得尤为明显。理论上可以通过控制预热温度、激光加工参数等来调整，但对于大尺寸工件如何控制温度场均匀性等技术还未成熟。

3）需要复杂的辅助工艺。有些材料（如聚酰胺等）烧结过程中，为了避免高温起火燃烧等情况的发生，需要将整个成型腔内充满保护气体，通常情况下采用的是氮气。为了保证成型工件的质量，需要将整个工作空间内直接参与造型工作的机器和材料进行预热，这个预热过程常常需要数个小时。另外造型工作完成后，工件表面浮粉的去除工作也需一定的辅助工艺完成。

4.2 选择性激光烧结成型技术的工艺过程

选择性激光烧结成型技术目前常用的材料主要有高分子粉末、金属粉末、陶瓷粉末及它们的复合材料等。采用不同的材料，其烧结工艺也有所不同，但总的工艺过程类似，可以分为下面几个步骤：

1）设计建造CAD三维模型。

2）将模型转化为STL文件格式（STL是用三角网格来表现CAD模型，它的文件格式非常简单，应用很广泛。当前主流的建模软件SolidWorks、Pro/ENGINEER、UG、CATIA等均可以实现转换）。

3）将STL文件进行横截面切片分割，规划扫描路径。

4）激光热黏分层制造零件原型。

5）对原型进行清粉等处理。

6）零件不同的材料和应用场合后处理工艺不相同。

1．高分子粉末材料及其复合材料

SLS高分子原材料分为热塑性和热固性材料。目前，作为SLS粉料的大多是热塑性材料。热塑性塑料粉又可分为晶态和非晶态两类，使用较多的烧结原材料为非晶态高分子粉料，如国内的一些SLS技术研究单位开发的HB、PSB、PSC、STL等。现在已投入使用的结晶类成型粉料一般是尼龙（Nylon）及共聚尼龙粉料，由于结晶性聚合物的烧结件具有较高的强度和韧性，可以直接作为功能件使用，具有较大的发展潜力。热固性塑料粉末成型机理是在激光的热作用下分子间发生交联反应使粉体颗粒彼此粘接。目前，最常用的热固性材料是酚醛树脂和环氧树脂，但一般不可以单独使用，可以作为复合材料粉末中的黏结剂。

高分子粉末及其复合材料的烧结件后处理工艺根据用途的不同分为两大类：当其应用于功能测试件时，一般采用渗树脂处理来提高制件的强度；当其应用于精密铸造制造金属零件的消失模时，主要是使用铸造蜡处理，以提高制件的表面光洁度。

（1）渗树脂后处理工艺

在树脂涂料中，环氧树脂具有力学性能好、黏结性能优异、固化收缩率小、稳定性好的优点、浸渗后制件的强度高、变形度小，常被选用为后处理的基体材料。浸渗树脂的工艺流程如下：①将附着在烧结件表面的粉末清理干净；②根据材料的不同，称量环氧树脂与稀释剂以及固化剂，其比例需要通过实验测得；③以手工涂刷的方式浸渗树脂；④涂刷完毕，用吸水纸将制件表面多余的树脂吸净，置于室温下自然晾干，时间为4～6h，再放置于60℃烘箱中进行固化，时间为5h；⑤对制件进行打磨、抛光等处理工艺，满足制件的使用功能要求。

中北大学采用尼龙与铝复合粉末烧结材料，经过浸树脂后制件平均拉伸强度提高了43.5%。将ABS粉末SLS成型件浸渗环氧树脂，浸渗后的制件拉伸强度、弯曲强度、弹性模量及冲击强度都显著地提高。

（2）渗蜡后处理工艺

铸造蜡具有硬度高、线收缩率小、稳定性好、可反复使用、提高制件的表面光洁度的优点。渗蜡工艺流程如下：①清理制件表面的浮粉；②防止制件长时间浸泡于蜡液中变软变形，根据制件特征合理选择蜡液温度和渗蜡时间（见表4-1）。首先将原型件放入烘箱（设定60℃）中30min，使制件受热均匀。然后将预热好的原型件放入一定温度的蜡池中，等到原型件表面没有气泡冒出的时候，再将原型件用托盘提出蜡池。将渗蜡后的制件放在300℃的烘箱中冷却30～60min后，再放置到空气中冷却；③根据铸件质量要求，对渗蜡制件进行相应的表面处理。

图4-3和图4-4为采用SLS技术分别为空客公司制作的零件蜡模和摩托车气缸盖蜡模。

表4-1　渗蜡温度与制件特征关系

厚度/mm	厚度均匀/℃	厚度不均匀/℃	厚度极其不均匀/℃
d≤10	65	65	65
10＜d≤30	65	60	60
d＞30	60	60	60

图4-3　空客公司制作蜡模后铸造出的钛合金零件，703.3mm×713.5mm×226.6mm

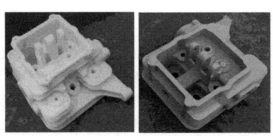

图4-4　摩托车汽缸盖粉末烧结蜡模及精密铸造铝合金零件

思考

高分子粉末及其复合材料的烧结件后处理工艺有渗树脂和渗蜡两种后处理工艺，在实际应用中该如何去选择，你知道吗？

2. 金属粉末材料

目前，金属粉末的SLS成型方法主要分为直接法和间接法。图4-5所示为采用SLS技术成型的金属粉末烧结件。

图4-5　金属粉末烧结件

（1）直接法

直接法烧结金属粉末一般为烧结单一金属粉末，如Sn、Zn、Pb、Fe，直接烧结高熔点的金属材料易出现球化现象，往往会产生空洞。目前，主要采用的后处理工艺方法为：①熔渗或浸渍。熔渗和浸渍都是应用毛细管原理，熔渗是将低熔点金属或合金渗入多孔烧结零件的空隙中，而浸渍采用的是液态非金属物质浸入。②热等静压法。热等静压法是通过流体介质将高温高压同时作用在零件坯体表面上，使零件固结消除内部空隙，提高零件的密度和强度。热等静压后处理可使零件非常致密，但零件的收缩也比较大。美国Austin大学的Haase对铁粉的选择性激光烧结进行了试验研究，烧结的零件经热等静压处理后，相对密度高达90%以上。

（2）间接法

间接法烧结覆膜金属粉，即采用低熔点金属或有机粉末做黏结剂在激光加热条件下将金属粉末（基体材料）黏结起来制作成SLS原型件。间接法成型的原型件必须进行后处理去除黏结剂，才能形成致密的金属功能件。间接法后处理工艺一般分为三个步骤：①降解黏结剂；②高温焙烧（二次烧结）；③熔渗金属。降解黏结剂：通过加热、保温去除金属粉粒间起联结作用的聚合物。高温焙烧是在第一步之后，将坯件加热到更高的温度，金属粉粒建立新的联结，在加热过程中需保持炉内的温度分布均匀，否则会导致零件的各方向收缩不一致，引起翘曲变形。经高温烧结后零件内部的孔隙率减少，强度增加，并为其后的金属熔渗做好准备。熔渗金属是指熔点较低的金属熔化后，在毛细力或重力的作用下，通过成型件内相互连通的孔隙，填满成型件内的孔隙，使之成为致密的金属件。

拓展知识 ● ● ●

金属件接烧结工艺的关键点

1. SLS原型件（"绿件"）制作的关键点

SLS原型件制作阶段关键点主要有两个方面：合理的粉末配比的选择和合适的加工工艺参

数的选择。

（1）合理的粉末配比的选择

大量的试验表明，对于SLS原型件成型来说，混合粉体中的有机粉末（通常采用环氧树脂粉末）比例高，有利于其准确致密成型，成型质量高。但是环氧树脂粉末含量过高，而金属粉末含量过低时，会出现褐件制作（降解黏接剂和二次烧结）时的烧失"塌陷"现象和金属熔渗时出现局部渗不足的现象。可见粉末材料的配比严重影响绿件和褐件的制作质量，而且可以看出两个阶段对配比的要求是相互矛盾的，原则上是保证绿件成型所需的最少黏接剂含量，同时确保不能因为黏接剂含量过高导致褐件难以成型。在实际加工生产中，环氧树脂与金属粉末的比例一般控制在1:5～1:3之间。

（2）合适的加工工艺参数的选择。

影响激光烧结成型原型件质量的因素很多，如粉末材料的物性、扫描间隔、烧结层厚、激光功率以及扫描速度等。

1）激光功率以及扫描速度。激光功率低而且扫描速度快，则粉末的温度不能达到熔融温度，不能烧结，制造出的制件强度低或根本不能成型。如果激光功率高而且扫描速度又很低，则会引起粉末汽化或使烧结表面凹凸不平，影响颗粒之间、层与层之间的黏接。因此，不适当的激光功率、扫描速度会使制件内部组织和性能不均匀，还影响制件的表面粗糙度。

2）激光扫描间距。激光扫描间距是指相邻两激光束扫描行之间的距离。它的大小直接影响到传输给粉末能量的分布、粉末体烧结制件的精度。在实际加工中，烧结线与层面之间应有少许的重叠，这样可以获得较好的烧结质量。

3）烧结层厚。烧结层厚的选取对制件表面粗糙度影响很大。一般来说，层厚越小，精度越高，制件的表面粗糙度越小。可当切片层厚太薄时，层片之间很容易产生翘曲变形。铺粉滚筒铺粉时，很容易使片层产生漂移；同时，烧结制件的时间也长。这种阶梯效应在烧结斜面、曲面等形状的制件时最明显。实际生产中还需要结合工件的形状和粉末材料的特性选择合适的参数。

2. SLS褐件制作的关键点

烧失原型件中的有机杂质获得具有相对准确形状和强度的金属结构体。褐件制作需要两次烧结，烧结过程中必须控制合适的烧结温度和时间，这两个参数是影响褐件制作最关键的因素。伴随烧结过程的进行，原型件中的黏接剂不断烧失，同时金属粉末颗粒间会发生微熔黏接，从而确保原型件不会发生塌陷。

3. SLS金属熔渗阶段的关键点

熔渗对SLS金属粉末烧结得到的金属零件致密度有重要的影响，因此选择合适的熔渗材料和工艺十分关键。原型件在经过二次烧结和三次烧结后得到的褐件，内部结构为疏松性网状连通结构，具有一定的强度和硬度，这种组织结构为熔渗工艺提供了有利条件。大量实验表明，熔渗选择的金属必须比褐件中的金属熔点低，这样才能保证在不破坏褐件本身结构的前提下，完成熔渗工艺。

3．陶瓷粉末材料烧结工艺

目前，研究的陶瓷材料主要有Al_2O_3、SiC、Si_4N_3及其复合材料。一般国内生产的选择性激光烧结设备功率比较低，只能用间接成型的方法，将陶瓷粉末与一定量的低熔点黏结剂混合，激光加热熔化黏结剂将陶瓷粉末颗粒黏结起来，从而制出陶瓷坯体。

常用的陶瓷粉末材料黏结剂主要有3类：①有机黏结剂，如聚甲基丙烯酸甲酯（PMMA）；②无机黏结剂，如磷酸二氢铵（$NH_4H_2PO_4$）；③金属黏接剂，如铝粉。

选择性激光烧结原理决定了选择性激光烧结成型的陶瓷坯体是多孔的，其力学性能和热学性能通常不能满足实际应用的要求。因此，必须进行后处理。常用的后处理方法主要有无压烧结、热等静压烧结和熔渗浸渍处理等。

（1）无压烧结

在SLS陶瓷粉末成坯体后，将成型件放入温控炉中，先在一定温度下脱掉黏结剂，然后再升高温度进行高温烧结，使得坯体内部的空隙率降低，密度和强度得到提高。采用这种方式对Al_2O_3坯体后处理，经过高温烧结后可以得到53%～65%的理论密度的Al_2O_3陶瓷件。

（2）热等静压烧结

热等静压烧结是将高温和高压同时作用在坯体上，目的是消除胚体内部的气孔，从而提高制件的密度和强度。也有专家学者提出先将坯体做冷等静压处理，以提高坯体的密度，再经过高温烧结处理，提高制件的强度。

目前这两种方式处理陶瓷坯体都还不够成熟，处理后的陶瓷制件虽然密度和强度提高了，但是致密度仍然不足，有时制件还会收缩和变形，得到的只是近成型坯体。

（3）熔渗浸渍处理

熔渗浸渍处理是将陶瓷坯体浸没在低熔点的液态物质中，或将预渗物质放置于陶瓷坯体上进行加热，在毛细管力作用下浸渗到坯体内部的孔隙，最终将其完全填充。IN S.L对SLS成型的氧化铝坯体进行了氧化铝溶胶、硅胶以及铬酸的入渗处理，研究表明渗硅胶后的强度、致密度比渗铬酸溶液好，入渗后通过高温处理可得到高强度、高致密度的成型件。

4．铸造覆膜砂

覆膜砂与铸造用热型砂类似，采用酚醛树脂等热固性树脂包覆锆砂、石英石的方法制备。在SLS成形过程中，酚醛树脂受热产生软化和固化，使覆膜砂黏结成形。由于激光加热时间很短，酚醛树脂在短时间内不能完全固化，砂型（芯）的强度较低，须对其加热后固化处理，经固化之后的砂型或砂芯才能够浇注金属铸件。图4-6所示为覆膜砂型（芯）浇注的液压阀体铸件及其剖分图。

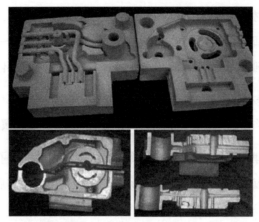

图4-6　覆膜砂型（芯）浇注的液压阀体铸件及其剖分图

从上世纪九十年代末开始，国内外研究人员对覆膜砂的SLS成型工艺做了大量工作，对覆膜砂SLS成型工艺参数做的研究表明：①CO_2激光器的能量在25～60W时就能够进行覆膜砂的SLS成型，扫描速度不能太低，以免树脂分解，0.3mm是较好的层厚；②由于激光束加热时间短（瞬间加热）、普通覆膜砂的导热系数较小、加热温度不能太高等原因，一般用SLS成型的覆膜砂（芯）的强度不高，需要选择合理的成型工艺参数（激光束的输出功率、扫描速度等），采用较小的烧结层厚度和较高导热系数的覆膜砂；③SLS覆膜砂型（芯）的精度不高，表面粗糙，需要浸涂涂料才能达到满意的效果，并且不易制备精细以及具有悬臂结构的砂型（芯）。

4.3　选择性激光烧结成型技术粉末材料

1. SLS工艺材料介绍

成型材料是SLS技术发展和烧结成功的一个关键环节，它直接影响成型件的成型速度、精度和物理、化学性能，影响成型工艺和设备的选择及成型件的综合性能。因此，国内外有许多公司和研究单位加强了在这一领域的研究工作，并且取得了重大进步。SLS工艺材料采用粉末材料，与其他类型的材料相比，具有制备容易、类别广泛、制造过程简单、材料利用率高等优点。用于SLS工艺的材料有各类粉末，包括金属、陶瓷、石蜡以及聚合物的粉末，如尼龙粉、覆裹尼龙的玻璃粉、聚碳酸酯粉、聚酰胺粉、蜡粉、金属粉、覆裹热凝树脂的细砂、覆蜡陶瓷粉和覆蜡金属粉等，不仅能够用来制造广泛使用的塑料零件，还能用于制造陶瓷、石蜡等材料的零件，特别是可以直接制造金属零件。

SLS工艺采用的粉末粒度一般在50～125μm之间。间接SLS用的复合粉末通常有两种混合形式：一种是黏结剂粉末与金属或陶瓷粉末按一定的比例机械混合；另一种则是将金属或陶瓷粉末放到黏结剂稀释液中，制取具有黏结剂包裹的金属或陶瓷粉末。经过大量试验表明，采用黏接剂包裹粉末的制备方法复杂，但是黏接效果较机械混合的粉末好。为了提高原型的强度，用于SLS工艺的材料正逐渐地转向金属和陶瓷。目前市场上比较成熟的用于增材制造工艺的粉末材料见表4-2。

表4-2　打印工艺常用的粉末材料及其特性

材 料 类 型	特　　　性
石蜡	主要用于石蜡铸造
聚碳酸酯	坚固耐热，可以制造微细轮廓以及薄壳结构，也可以用于消失模铸造
尼龙、纤细尼龙、合成尼龙（尼龙纤维）	都能制造可测试功能零件，其中合成尼龙制件具有最佳力学性能
硅砂	用于砂型铸造
钢铜合金	具有较高的强度，可做注塑模

2．SLS工艺材料国内外研发生产情况

（1）SLS工艺材料国外研发情况

国外很多打印设备开发公司和使用单位对打印材料做了大量深入的研发工作，已经成功开发了多种适合打印的材料。在SLS领域国外比较有代表性的主要有3D Systems和EOS两家公司。

1）美国3D Systems公司目前SLS用的成型材料商品化的主要产品见表4-3。

表4-3　3D Systems公司开发的主要SLS成型材料

材 料 型 号	材 料 类 型	应 用 实 例
CastFormPS	苯乙烯基粉末	消失模铸造材料。如原型金属铸件，石膏铸件，钛铸件，铝、镁及锌铸件，铸铁铸件等
DuraFormEXBlack和DuraFormEXNatual	塑料粉末	烧结强度类似于注射成型的工程塑料和聚丙烯制件。如复杂薄壁管，飞机和赛车部件，绞扣零件，汽车仪表板，格栅和保险杠等
DuraFormFlex	热塑性人造橡胶粉末	具有类似于橡皮柔韧性及功能，模型抗撕裂性好，可反复进行完全弯曲。可用于运动鞋、密封件、软管等
DuraFormFR100	无卤无锑阻燃材料粉末	可制造符合美国航空管理条例的飞机零件，满足低烟浓度和毒性要求；机舱、客舱和货运部分构件；符合UL94V-0标准要求的产品；计算机，设备和仪器的附件及零件

（续）

材 料 型 号	材 料 类 型	应 用 实 例
DuraFormGF	尼龙中添加玻璃粉粉末	可制造微小特征，适合概念模型和测试模型制造，模型刚硬性和耐温性较好，尺寸稳定，可获得较好的表面质量，如体育用品等
DuraFormHSTComposite	纤维增强工程塑料粉末	具有优秀的刚度、强度和耐热性，适合高刚度和热阻力的耐用样件，如飞机及赛车零件，体育用品等
DuraFormPA	尼龙粉末	具有稳定的机械特性和细微特征表面分辨率，可制造需要良好的耐久性和强度的样件。如需要符合USPVI类或必须消毒的医用设备；复杂的薄壁管道；有搭扣和铰链的零件；汽车仪表板、格栅和保险杠等
DuraFormProX	强力工程塑料粉末	具有优异的耐久性和机械特性，零件表面光滑，注塑成型零件的表面分辨率和边缘清晰度高

2）德国EOS公司。同样，粉末烧结成型设备著名开发商德国EOS公司也开发了系列粉末烧结材料，目前已经商品化的主要产品见表4-4。

表4-4　EOS公司开发的主要SLS成型材料

材 料 型 号	材 料 类 型	应 用 实 例
PA2200/PA2201	尼龙粉末	白色，具有优异的综合力学性能，用途广泛，稳定性好，零件表面分辨率高；具有生物相容性，可用于制造如假肢等医用的部分零件；制造的零件可接触食品
PA2210FR	尼龙粉末	无卤白色PA12粉末，阻燃效果佳，机械性能和稳定性好，可用于航空航天、电子工业、承重塑料件等
PA3200GF	尼龙+玻璃纤维混合粉末	浅绿色粉末，是玻璃纤维和尼龙的混合材料，具有很强的断裂拉伸率。PA3200GF的典型应用是汽车引擎的测试，包括进气歧管以及需要高强度、耐高温的部件
Alumide	尼龙+铝粉混合粉末	高硬度，金属的外观以及良好的后处理特征，表面可以很容易研磨、抛光或涂层。适用于制作展示模型，模具镶件、夹具和小批量制造模具，如橡胶产品注塑模具等
CarbonMide	碳纤维+尼龙混合粉末	重量轻，机械性能强，高电阻。适用于制作全功能部件和用来做风洞实验的表面精致的样件。如轴承座，赛车运动部件中使用的气动零件
PrimeCast101	聚苯乙烯粉末	尺寸精度高，表面质量高，性能稳定，在高温下气化，灰粉残余物极少，适用于制作融模铸造、石膏铸造、陶瓷铸造和真空铸造原型，如涡轮增压器外壳
PEEKHP3	聚醚醚酮粉末	优良的耐高温和抗腐蚀性能，高耐磨，具有生物相容性，UL94/V0阻燃级，性能稳定，适用于制作航空航天、医疗和汽车制造领域的零部件

（续）

材料型号	材料类型	应用实例
DirectMetal20	铜合金的复合材料粉末	具有良好的机械性能、优秀的细节表现及表面质量、易于打磨、良好的收缩性可使烧结的样件达到很高的精度，适用于注塑模具和功能性原型件的制造，如叶轮原型件，用于风洞测试和装配测试等
AluminiumAlSi10Mg	铝合金粉末	主要应用在航空航天、汽车制造等行业中（功能性原型件，用于结构验证和设计验证）
TitaniumTi64	钛六铝四钒粉末	材料比重非常小、质轻、而且具有非常好的机械性能及耐腐蚀性，适用于航空航天和汽车制造领域，如制动器零部件、薄壁等
CobaltChromeMP1	钴铬钼合金的复合材料粉末	具有优秀的机械性能、高抗腐蚀及抗温特性，被广泛应用于生物医学及航空航天，如膝关节植入体等
CobaltomeSP2	钴铬钼合金的复合材料粉末	材料成分与CobaltChromeMP1基本相同，抗腐蚀性较MP1更强，目前主要应用于牙科义齿的的批量制造，包括牙冠、桥体等
NickelAlloyIN718	铁镍合金粉末	主要是用于高温下苛求优异的机械和化学特性的合金。主要用于航空航天工业的动力涡轮机和相关零件的制造，在高达700℃的温度下，该合金具有极佳的蠕变断裂强度，如固定环、涡轮发动机零配件等
MaragingSteelMS1	不锈钢粉末	高强度和韧性，适用于功能性原型件和系列零件，被广泛应用于工业和航空航天领域，如涡轮发动机燃烧室、薄壁、复杂零部件等
StainlessSteelGP1	不锈钢材料	具有很好的抗腐蚀及机械性能，适用于功能性原型件和系列零件，被广泛应用于工程和医疗领域，如中空的手术器械、个性化定制等

（2）SLS工艺材料国内研发情况

国内对打印工艺中的粉末材料的研发相对于工艺设备而言，具有明显的滞后性，与国外相比目前还有较大的差距。国内虽然有多家研发单位针对粉末材料和工艺做了大量研究工作，但是已经生产和销售的品种并不多，如武汉滨湖机电技术有限公司的主要产品有HB系列粉末材料，包含聚合物、覆膜砂、陶瓷、复合材料等。此外，国内还有很多单位正在研发，如中北大学、北京航空材料研究院、西北有色金属研究院、中国石化集团北京燕山石化高科技有限责任公司、北京隆源自动成型系统有限公司、无锡银邦精密制造科技有限公司等单位。

4.4 选择性激光烧结成型技术的应用

在3D打印领域，SLS成型技术已广泛应用于航空航天、泵阀、汽车制造、医疗、文化艺术等领域，可以实现个性化、差异化的快速生产。

1. 选择性激光烧结成型技术在航空航天领域的应用

SLS成型技术已经为我国航空航天等部门及飞机制造企业提供了直升机发动机、直升机机匣、蜗轮泵、钛机架、排气道、飞机悬挂件、飞轮壳等飞机零部件的生产和服务，参与完成了若干项国家航空航天重点项目的开发研制任务。图4-7和图4-8所示为利用SLS成型技术制作的航天发动机蜗壳和燃油喷嘴。

图4-7 航天发动机蜗壳

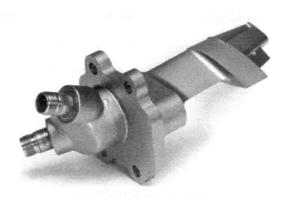

图4-8 航天发动机燃油喷嘴

2. 选择性激光烧结成型技术在汽车、摩托车制造领域的应用

SLS成型技术打印最大的特点是成型过程与复杂程度无关，因此特别适合于内部结构极其复杂的发动机缸体、缸盖、进排气管等部件。由于SLS成型技术成型材料广泛，特别是可以用树脂砂和可消失熔模材料成型。因此，可以通过与铸造技术结合，快速铸造出汽车、摩托车的零部件。图4-9所示为汽车进气歧管，图4-10所示为汽车弹簧底座，图4-11所示为变速箱壳体，图4-12所示为发动机缸盖上水套砂芯，它们均采用SLS成型技术制作。

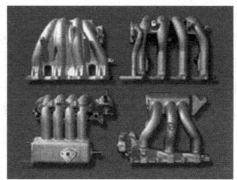

图4-9 汽车进气歧管

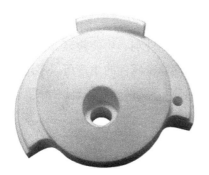

图4-10 汽车弹簧底座

图4-11 变速箱壳体

图4-12 发动机缸盖上水套砂芯

3．选择性激光烧结成型技术在生物、医疗领域的应用

快速成型技术在医疗外科整形方面也得到了成功的应用。根据医学数据进行必要的转换后，得到三维数据模型，通过SLS成型技术可在1～2天内获得原型。这样，医生就可以在原型上准确地标定创面，并依据实物进行手术模拟。借助快速成型技术，在医疗外科整形的应用，可为医生提供实物模拟，缩短手术时间、减轻患者痛苦、提高手术成功率。图4-13和图4-14所示为采用SLS成型技术制作的骨盆和义齿。

图4-13 骨盆

图4-14 义齿

4. 选择性激光烧结成型技术在泵阀类零件制造领域的应用

可以快速制造出水泵的叶轮、泵体、蜗壳等，用于外观、功能验证，优化产品设计，大大提高新产品研发成功率。对于单件、小批量熔模精密铸件的生产可以不用模具，从而节省大量模具加工费用，大大缩短生产周期。图4-15所示为叶轮粉末烧结蜡模以及精密铸造不锈钢件。

图4-15　叶轮粉末烧结蜡模以及精密铸造不锈钢件

5. 选择性激光烧结成型技术在文化、艺术、生活等领域的应用

SLS成型技术在文化创意方向的应用非常多，既包含了个性化的定制和制造，也包含现代艺术品的生产和制造，还有古代艺术的再现，如文物等高端艺术品的衍生品。图4-16和图4-17所示为采用SLS成型技术制作的玲珑灯和奖牌雏形。

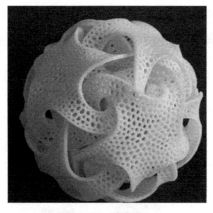

图4-16　玲珑灯

图4-17　奖牌雏形

小思考

　　　3D打印的应用领域是十分广泛的，除了本模块介绍的几部分内容外，请想一想SLS成型技术还能应用到哪些领域呢？

4.5 选择性激光烧结成型技术的发展方向

近十几年来SLS成型技术得到了飞速发展，获得了良好的应用效果，但作为一项新兴制造技术，尚处于一个不断发展、不断完善的过程之中。目前，SLS成型技术还有很大的发展空间，未来应该会向以下几个方面发展：

1）成型工艺的完善和成型设备的开发与改进，提高成型件的表面粗糙度、尺寸精度和机械性能，尽量减少后处理工艺。

2）深入研究材料的成形机制，结合成形机制优化粉末材料，进一步提高和完善各种成型材料的性能，开发高性能、低成本、低污染的材料。

3）根据成型件的用途和要求不同，开发不同类型的成型材料，如功能梯度材料、生物活性材料等。

4）进一步将SLS成型技术与传统加工技术相结合，减少成型零件的工序，充分发挥快速成型的特点，直接成型难以烧结的材料和加工的零件。

5）优化后处理工艺，提高成型件品质。

随着SLS成型技术的发展，新工艺、新材料不断出现，SLS成型技术的应用范围也将不断扩大，对未来制造业的发展也将起到巨大的推动作用。

模块总结

SLS成型技术是目前对3D打印技术发展影响最为深远的技术，读者需要对这种3D打印技术有深刻的认知。该模块首先论述了选择性激光烧结成型技术的工艺原理、工艺特点和工艺过程，这部分内容是SLS成型技术的重点，对不同材料后处理工艺的选择必须融会贯通，熟练掌握。之后介绍了SLS成型材料的发展情况，主要介绍了国外SLS成型材料生产商的两大巨头3D Systems和EOS一些有代表性的产品型号。SLS成型技术广泛应用于航空航天、汽车制造、生物医药、泵阀、文化艺术等领域。在未来，选择性激光烧结成型技术的后处理工艺还将不断优化，与传统制造工艺的结合也会更加紧密，应用的范围也将不断扩大。

模块任务

这个模块学习完了，你对选择性激光烧结成型技术是不是有了全新的认知呢？接下来这个任务就将进行一个小检验，看哪一组完成得更出色。

● **任务背景**

第88届奥斯卡颁奖典礼结束了，"小李子"陪跑22年终于获得了小金人，而这个精美的小金人正是借助3D打印技术制作出来的。结合SLS成型技术，分组撰写这个小金人的制作过程，包括成型工艺的原理说明、成型材料的选择。根据你选择的成型材料制订完整的成型工艺路线。然后每个小组选择一个代表来讲解整个过程。

● **任务组织**

分组，每组5人，协同完成任务，1人代表小组进行演讲。各小组抽一名代表组成评审组，看一看哪个小组完成得更出色。任务结束后在3DMonster 系统中进行总结和评价。

任务时间：45min左右。每个小组讲解时间不超过6min，若时间充裕则讲解完毕后再进行互动交流。

课后练习与思考

1. 简述选择性激光烧结成型技术的工艺原理。

2. 简述选择性激光烧结成型技术的工艺特点。

3. 简述选择性激光烧结成型技术的工艺过程。

4. 简述金属粉末直接烧结法和间接烧结法的后处理工艺方法。

5. 简述高分子粉末材料及其复合材料烧结的后处理工艺方法。

6. 选择性激光烧结成型技术主要应用在哪些领域，举例说明。

7. 谈一谈你对选择性激光烧结成型技术未来发展趋势的看法。

8. 分组在网上搜集更多关于选择性激光烧结成型技术的资料，整理成报告向全班同学汇报。

模块5　光固化成型

▶ 学习目标

- 掌握光固化成型技术的工艺原理与工艺特点。
- 掌握光固化成型技术的工艺过程。
- 了解光固化材料的种类及特性。
- 了解光固化成型技术的应用领域和发展方向。

▶ 看一看

看一看图5-1中这组耳环、戒指、项链等穿戴饰品是不是很漂亮呢？想知道它们是怎么制作的吗？

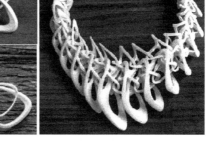

图5-1　饰品

这是著名设计师Jenny Wu在迈阿密艺术展Aqua Art Miami上展示的3D打印的系列穿戴饰品——LACE，这些都是借助于光固化成型技术制作的。正如她所言，光固化成型技术特别适合用于制作珠宝首饰，用其打印出来的精确复杂的几何形状有层积工艺特有的条纹，并赋予了饰品独特的天鹅绒般的品质。下面一起来学习有关光固化成型的知识。

内容预热

光固化成型（Stereo Lithography，SL）技术常被称为立体光刻成型，有时被称为SLA（Stereo Lithography Apparatus）。该技术是由Charles W. Hull于1984年获得美国专利且最早发展起来的增材成型技术。

光固化成型技术是机械工程、计算机辅助设计及制造技术（CAD/CAM）、计算机数字控制（CNC）、精密伺服驱动、检测技术、激光技术及新型材料科学技术的集成。它不同于传统的用材料去除方式制造零件的方法，而是用材料一层一层积累的方式构造零件模型。由于该项技术不像传统的零件制造方法需要制作木模、塑料模和陶瓷模等，所以可以把零件原型的制造时间减少为几天、几小时，大大缩短了产品开发周期，降低了开发成本。计算机技术的快速发展和三维CAD软件应用的不断推广，使得光固化成型技术得到广泛的应用。

光固化成型技术特别适合于新产品的开发、不规则或复杂形状零件制造（如具有复杂形面的飞行器模型和风洞模型）、大型零件的制造、模具设计与制造、产品设计的外观评估和装配检验、快速反求与复制，也适用于难加工材料的制造（如利用SLA技术制备碳化硅复合材料构件等）。

这项技术不仅在制造业具有广泛的应用，而且在材料科学与工程、医学、文化艺术等领域也有广阔的应用前景。在本模块中将学习光固化成型技术的基本原理、工艺特点、工艺过程、成型材料、应用领域及发展方向。

核心知识

5.1　光固化成型技术的基本原理和工艺特点

1. 光固化成型技术的基本原理

光固化成型技术基于分层制造原理，以液态光敏树脂为原料，其成型原理如图5-2所示。主液槽中盛满液态光敏树脂，在计算机的控制下，特定波长的激光沿分层截面逐点扫描，聚焦光斑扫描处的液态树脂吸收能量，发生光聚合反应而固化，从而形成制件的一个截面薄层。一层固化完毕后，工作台下降一层高度，然后刮平装置将黏度较大的树脂液面刮平，使先固化好的树脂表面覆盖一层新的树脂薄层，再进行下一层的扫描固化，新固化的一层牢固地粘结在前一层上。如此依次逐层堆积，最后形成物理原型，除去支撑，进行后处理，即获得所需的实体原型。

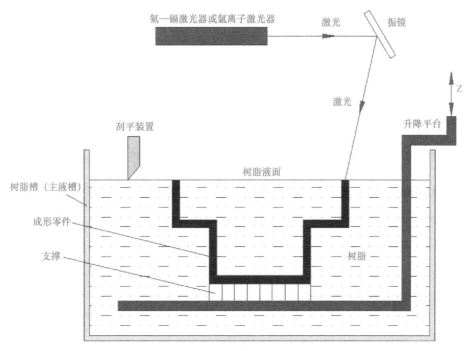

图5-2　光固化成型技术原理图

因为树脂材料的高黏性，在每层固化之后，液面很难在短时间内流动铺平已固化的面，这将会影响实体的成型速度和精度。采用刮平装置刮切后，树脂便会被快速、均匀地涂敷在上一叠层上，这样经过激光固化后可以得到较好的精度，使产品表面更加光滑和平整。

2．光固化成型技术的特点

与其他增材制造技术相比，光固化成型技术具有以下特点：

（1）光固化成型技术的优点

1）产品生产周期短。模具设计和产品生产可同步进行，几个小时内便可完成传统加工工艺几个月的工作量。

2）制作过程智能化，成型速度快，自动化程度高。光固化成型系统极其稳定，加工开始后，整个成型过程完全自动化、快速化、连续化，直至原型制作全部完成。

3）尺寸精度高。原型件真实、准确完整地反映出所设计的制件，包括内部结构和外形，使原型更逼近于真实的产品。光固化成型原型的尺寸精度可以达到±0.1mm（100mm范围内）。

4）表面质量优良。虽然在每层固化时曲面和侧面可能出现台阶，但是上表面仍然可以得到玻璃状的效果，达到磨削加工的表面效果。

5）无噪音、无振动、无切削，可以实现生产办公室化操作。

6）可以直接制作面向熔模精密铸造的具有中空结构的消失模。

7）可制造任意几何形状的复杂零件。不管多么复杂的零件，都可以分解成二维数据进行加工，所以特别适合于传统加工工艺难以制造的形状复杂的零件。

（2）光固化成型技术的不足之处

当然，与其他几种快速成型技术相比，该工艺也存在一些不足之处。主要有：

1）成型过程中伴随着物理和化学变化，所以制件较易翘曲变形，需要添加支撑。

2）设备运转及维护成本较高，液态光敏树脂材料和激光器的价格都较高。

3）可使用的材料种类较少。目前可用的材料主要为液态光敏树脂，并且在大多数情况下，树脂固化后较脆、易断裂，不便进行再加工。

4）需要二次固化。在很多情况下，经快速成型系统光固化后的原型，树脂并未完全固化，需要进行二次固化。

5.2 光固化成型技术的过程

光固化成型技术过程一般包括：前期数据准备、创建CAD模型、模型的面化处理、设计支撑、模型切片分层，成型加工和后处理，如图5-3所示。

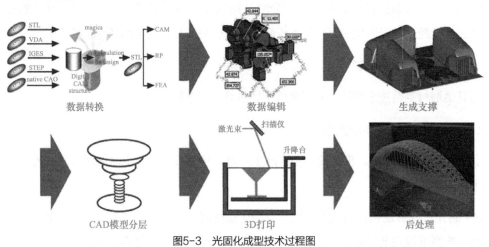

图5-3 光固化成型技术过程图

1. 前期数据准备

前期数据准备主要包括以下几个方面：

（1）造型与数据模型转换

利用计算机辅助设计软件绘制出产品三维模型。CAD系统的数据模型以STL格式传输到光固化成型系统中。STL文件用大量的小三角形平面来表示三维模型，三角小平面数量越多，分辨率越高，STL表示的模型越精确。因此高精度的三维模型对零件精度有重要影响。

（2）确定摆放方位

摆放方位的处理十分重要。一般情况下，如果考虑缩短原型制作时间和提高制作效率，则应当选择尺寸最小的方向作为叠层方向。但是有时为了提高原型制作质量以及提高某些关键尺寸和形状的精度，需要将较大尺寸方向作为叠层方向摆放。有时为了减少支撑量、节约材料以及方便后处理也会采用倾斜摆放的方式。总的来说对于不同的模型需要综合考虑成型效率、成型质量、成型精度、支撑等方面的因素来确定模型的摆放方位。

（3）设计支撑

光固化成型过程中，未被激光照射的部分材料仍为液态，它不能使制件截面上的孤立轮廓和悬臂轮廓定位，因此对于这样的一些结构，必须施加支撑。支撑的施加可以手工进行，也可以由软件自动生成，对于复杂模型软件生成的支撑一般都需要人工删减和修改。支撑可选择多种形式，例如点支撑、线支撑、网状支撑等。支撑的设计与施加应考虑可使支撑容易去除，并能保证支撑面的光洁度。

常见的支撑结构如图5-4所示。

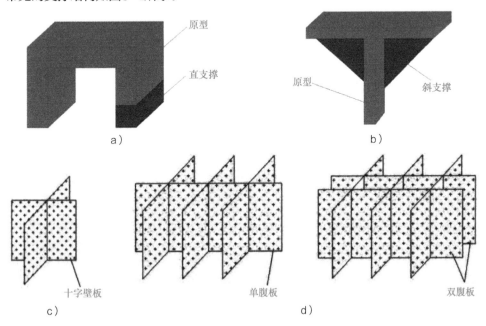

图5-4　常见的支撑结构

a）直支撑　b）斜支撑　c）十字壁板　d）腹板

其中直支撑主要用于腿部结构（如图5-4a）；斜支撑主要用于悬臂结构，它在成型过程中不但为悬臂提供支撑，同时也约束悬臂的翘曲变形（如图5-4b）；十字壁板主要用于孤立结构部分的支撑（如图5-4c）；腹板结构主要用于大面积内部支撑（如图5-4d）。

小 思考

选择两个3D模型，如紫砂壶模型、马踏飞燕模型等，思考切片时如何确定它们的摆放方位，再进行合理的支撑设计。将你的想法分享给大家，看一看身边的小伙伴和你想的一样吗？

（4）模型切片分层

CAD模型转化成面模型后，接下来的数据处理工作是将数据模型切成一系列横截面薄片，切片层的轮廓线表示形式和切片层的厚度直接影响零件的制造精度。

切片过程中规定了两个参数来控制精度，即切片分辨率和切片单位。切片单位是软件用于CAD单位空间的简单值，切片分辨率定义为每CAD单位的切片单位数，它决定了STL文件从CAD空间转换到切片空间的精度。切片层的厚度直接影响零件的表面光洁度，切片轴方向的精度和制作时间，是光固化快速成型中最重要的变量之一。当零件的精度要求较高时，应考虑更小的切片厚度。

2. 模型打印制作

使用数据处理软件完成数据处理后，通过控制软件进行制作工艺参数的设定。主要制作工艺参数有：扫描速度、扫描间距、支撑扫描速度、跳跨速度、层间等待时间、涂铺控制及光斑补偿参数等。设置完成后，在工艺控制系统控制下进行固化成型。首先调整工作台的高度，使其在液面下一个分层厚度，开始成型加工。计算机按照分层参数指令驱动镜头使光束沿着X-Y方向运动，扫描固化树脂，底层截面（支撑截面）粘附在工作台上，工作台下降一个层厚，光束按照新一层截面数据扫描、固化树脂，同时牢牢地黏结在底层上。依次逐层扫描固化，最终形成实体原型。

3. 后处理

后处理是指整个零件成型完成后进行的辅助处理工艺，包括零件的清洗、支撑去除、打磨、表面涂覆以及后固化等。

零件成型完成后，将零件从工作台上分离出来，用酒精清洗干净，用刀片等其他工具将支撑与零件剥离，之后进行打磨喷漆处理。为了获得良好的机械性能，可以在后固化箱内进行二次固化。通过实际操作得知，打磨可以采用水砂纸，基本打磨选用400～1000号最为合适。通常先用400号，再用600号、800号。使用800号以上的砂纸时最好沾一点水来打磨，这样表面会更平滑。

光固化成型件作为装配件使用时，一般需要进行钻孔和铰孔等后续加工。通过实际操作得知，光固化成型件基本满足机械加工的要求，如对3mm厚度的板进行钻孔，孔内光滑、无裂纹现象；对外径8mm高度20mm的圆柱体进行钻孔，加工出直径5mm高度10mm的内孔，孔内光滑，无裂纹，但是随着圆柱体内外孔径比值增大，加工难度增加，会出现裂纹现象。

小思考

光固化成型过程中有很多因素对打印模型的成型精度和质量有影响，你知道哪些影响因素？为了提高打印模型的精度，各因素又该如何控制？

拓展知识 ● ● ●

基于DLP投影机的光固化成型工艺

MIP-SLA快速制造工艺是在SLA的基础上发展而来的，它用投影产生的动态掩膜图像代替在X-Y方向移动的激光点来照射固化光敏树脂，可以实现一次照射，整层成型，大大提高了加工效率。相对于SLA，MIP-SLA系统省去了X-Y两个方向的运动控制系统及复杂的激光系统，设备的制造成本也大大降低。

1. DLP投影原理

图5-5所示为单片DLP投影机的系统结构。光源由高压汞灯泡、高亮LED或激光光源提供，由红、绿、蓝三原色滤波系统组成的色轮根据投影频率来转动，产生全彩色的投影图像。经过滤波产生的三原色光线照射到DMD镜片上，通过控制对应像素的开关状态实现不同颜色光线的开关，经过镜头后在投影平面上形成所需的图像。

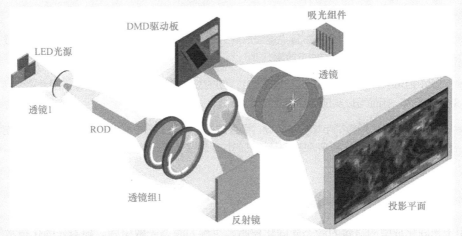

图5-5 DLP投影机系统结构图

DLP投影机具有图像亮度大、对比度高和可靠性高的优点，在MIP-SLA系统中的投影图像具有更高的清晰度和对比度，可以用于高精度的增材制造系统。

2. MIP-SLA成型工艺原理

图5-6为MIP-SLA的成型工艺原理图，该系统包括光源、DMD微镜、聚焦透镜、Z

轴运动滑台、树脂容器和固化基座。其中光源、DMD微镜和聚焦透镜集成在DLP投影机中，是整个制造系统的核心部分。MIP-SLA系统的成型过程包含以下步骤：

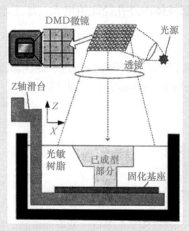

图5-6　MIP-SLA工艺原理图

1）将待加工三维模型按照加工厚度切片生成二维的图像，每层零件对应一张二维的图像，图像中的白色像素与黑色像素分别代表零件实体部分与非实体部分。

2）DLP投影机投影产生的掩膜图像聚焦在光敏树脂的液面上，图像中白色像素区域将树脂固化，实现此层的实体成型。

3）由Z轴滑台带动固化基座和已成型的零件向下移动一层，待液面填充后再进行下一层的照射，直到整个模型被固化成型。

3. 与传统的SLA成型技术的比较

MIP-SLA成型工艺的优势在于：

1）相对于SLA成型系统的逐点逐线成型工艺，MIP-SLA成型系统单次照射即可完成一整层的成型，具有较高的加工效率。

2）相对于将激光点聚焦到较小的尺寸，DLP投影机可以更容易地将投影图像聚焦到更小的尺寸，因而可以实现更高精度的加工。

3）由于DLP投影机市场成本较低，而且省去了SLA工艺中复杂的X-Y轴的运动控制部分及激光系统，因此基于MIP-SLA工艺的快速制造系统具有更低的成本。

5.3　光固化成型材料

用于光固化成型的材料为液态光固化树脂，也称为液态光敏树脂。随着光固化技术的不断发展进步，具有独特性能（如收缩率小、变形小、强度高、无需二次固化等）的光固化树脂也在不断被开发出来。

1. 光固化成型用光敏树脂的特殊要求

光固化成型用的树脂虽然主要成分与一般的光敏树脂差不多，固化前类似于涂料，固化后与一般塑料类似，但是由于光固化成型工艺的独特性，使得它不同于普通的光固化树脂，有一些特殊的要求。

（1）固化速度快

光固化成型一般采用紫外激光器，激光的能量集中能保证成型具有较高的精度，但激光的扫描速度很快，一般大于1m/s，所以光作用于树脂的时间极短，树脂只对该波段的光有较大的吸收和很高的响应速度，从而能迅速固化。

（2）固化收缩小

快速成型最重要的是精度，和SLS一样，成型时的收缩不仅会降低制件的精度，更重要的是固化收缩还会导致零件的翘曲、变形、开裂等，严重时会使制件在成型过程中被刮板移动，导致成型失败，所以用于光固化的树脂应尽量选用收缩率较低的材料。

（3）一次固化程度高

一次固化程度高可以减少固化收缩，从而减少固化时的变形，后固化过程中不可能保证各个方向和各个面所接受的光强度完全一样，这样的结果使制件产生整体变形，严重影响制件的精度。

（4）固化产物溶胀小，耐溶剂性好

由于在成型过程中，固化产物浸润在液态树脂中，如果固化物产生溶胀，不仅会使制件失去强度，还会使固化部分发生肿胀，产生溢出现象，严重影响精度。经成型后的制件表面有较多的未固化树脂需要用溶剂清洗，洗涤时要求只清除未固化部分，而对制件的表面不产生影响，所以要求固化物有较好的耐溶剂性能。

（5）固化产物的力学性能好

精度和强度是快速成型的两个重要指标，快速成型制件强度普遍不高，特别是光固化成型用材料，以前一般都较脆，难以满足作为功能件的要求，近年来一些公司也推出了韧性较好的材料。

（6）黏度低

光固化成型是一种分层制造技术，每固化完一层后，制件下降再铺上一层树脂，但是由于液体表面张力的原因，树脂很难自动覆盖已经固化树脂的表面，所以通常需要采用刮板将树脂刮平，然后再等一段时间，让树脂流平稳定后再开始扫描，树脂的黏度越低越有利于流平，成型的速度也就会相应得到提高，同时也有利于树脂的添加和清洗。

（7）透射深度合适

由于光固化成型的树脂要有合适的透射深度，一般涂料的厚度只有几到十几微米，而光固化成型每层的厚度一般为100μm。所以相对来讲，光固化成型要求的透射深度要远大于一般的涂料，否则层与层之间因固化不完全而黏结不好。但是透射深度也不能过大，否则就会产生过固化，影响精度，所以适中的透射深度是光固化成型树脂的必要条件。

（8）存储稳定性良好

用于光固化成型的树脂注入树脂槽中后通常不再取出，此后随着消耗不断往槽中添加，所以一般树脂的使用时间都很长，即要求树脂在通常情况下不会发生热聚合，对可见光也应有较好的稳定性，以保证长时间成型过程中树脂性能的稳定。

（9）毒性低

光固化成型生产办公室化是未来的发展趋势之一，因此对单体或者预聚物的毒性有严格的要求，对大气不能有任何的污染。第一代光固化材料因为毒性较大，人们对光固化成型的前景感到担忧。但是随着新一代的高性能、低毒性的光固化成型树脂问世，也使得这项技术应用前景更加广阔。

2．光固化材料的分类

光固化树脂材料中主要包括低聚物、反应性稀释剂和光引发剂。按照光固化树脂参加光固化交联过程中的反应机理，可以把光固化树脂分为自由基型光固化树脂、阳离子型光固化树脂和混杂型光固化树脂3类。

（1）自由基型光固化树脂

自由基型光固化树脂主要有3类：第一类为环氧树脂丙烯酸酯，该类材料聚合快，原型强度高，但脆性大，易泛黄；第二类为聚酯丙烯酸酯，该类材料流平和固化性好，性能可调节；第三类材料为聚氨酯丙烯酸酯，该类材料生成的原型柔顺性和耐磨性好，但聚合速度慢。稀释剂包括多官能度单体和单官能度单体两类。此外，常规的添加剂还有阻聚剂、UV稳定剂、消泡剂、流平剂、光敏剂、天然色素等。其中阻聚剂尤其关键，它可以保证液态树脂在容器中保持较长的存放时间。

自由基光固化树脂具有原材料广、价格低、光响应快、固化速度快等优点，因此最早的光固化成型树脂选用的都是这类树脂。

（2）阳离子型光固化树脂

阳离子光固化树脂主要成分为环氧化合物。用于光固化工艺的阳离子型低聚物和活性稀释剂通常为环氧树脂和乙烯基醚。环氧树脂作为最常用的阳离子型低聚物具有以下优点：

1）固化收缩小，预聚物环氧树脂的固化收缩率为2%～3%，而自由基光固化树脂的预产物丙烯酸酯的固化收缩率为5%～7%。

2）产品精度高。

3）阳离子聚合物是活性聚合，在光熄灭后可继续引发聚合。

4）氧气对自由基聚合有阻聚作用，而对阳离子树脂无影响。

5）黏度低。

6）生坯强度高。

7）产品可以直接用于注塑模具。

较自由基光固化而言，阳离子光固化发展晚了很多，但是由于其出色的表现，逐渐在各行业中得到了应用。新一代的光固化成型树脂也主要以阳离子型光固化树脂为主。

（3）混杂型光固化树脂

如前所述，自由基光固化树脂虽然成本低、固化速度快，但是固化收缩大，表层易受氧阻聚而固化不充分，而阳离子型光固化树脂也存在成本高，固化速度慢、固化深度不够的缺点。为了解决这些问题，利用混杂型光固化树脂实现两者的互补，目前国内西安交通大学、清华大学等高校和研究机构对这方面均做了深入的研究，也取得了一定的成果，混杂型光固化树脂是未来光固化成型树脂发展的趋势。

3．光固化成型材料的国内外研发生产情况

（1）Vantico公司的SL系列

Vantico公司针对光固化成型技术提供了SL系列的光固化树脂材料，表5-1给出了一些代表性的型号和特性。实际应用时，可以根据不同的要求选择合适的方案。

表5-1　Vantico公司部分SL系列的光固化树脂材料的型号和特性

型　号	原型特性	应　用
SL5195	具有较低的黏性，较好的强度、精度和光滑的表面效果	适合于可视化模型、装配检验模型及功能模型、熔模铸造模型及快速模具的母模等模型制造
SL5510	多用途、精确、尺寸稳定、高产	满足多种生产要求，适合于较高湿度条件下的应用，如复杂型腔实体的流体研究等
SL7510	具有较好的侧面质量，成型效率高	适于熔模铸造、硅胶模的母模以及功能模型等
SL7540	具有较高的耐久性，侧壁质量好	制作的原型性能类似于聚丙烯，可以较好地制作精细结构，适于功能模型的断裂实验等
SL5530HT	高温条件下仍然具有较好抗力的特殊材料，使用温度可以超过200℃	适于零件的检测、热流体流动可视化、照明器材检测以及飞行器高温成型等方面
SLY-C9300	可以实现有选择性的区域性着色，可生成无菌模型	适于医学领域及原型内部可视化的应用场合

（2）3D Systems公司的Accura系列和VisiJet系列

1）Accura系列。表5-2给出了一些Accura系列代表性的型号和特性。实际应用时，可以根据不同的要求选择合适的方案。

表5-2 3D Systems公司部分Accura系列的光固化树脂材料的型号和特性

型 号	原 型 特 性	应 用
Accura Si40	既具有高耐热性、又有韧性	适用于汽车应用。制件透明，具有高的劲度和适中的伸长率，能被钻孔，攻螺纹
Accura Bluestone	具有较高的刚度和耐热性	适合于空气动力学实验、照明设备等以及真空注型或热成型模具的母模等
Accura Si 45HC	固化速度快，良好的耐热耐湿性	适于制作功能原型
Accura Si 40	耐高温、坚韧性好	稳定精确的光固化成型原料
Accura Si 30	适中硬度，低黏度，易清洗	适合于精细特征结构的制作
Accura Si 20	固化后呈持久的白色，具有较好的刚度和耐湿性以及较快的构建速度	适合于较精密的原型、硅橡胶真空注型的母模等
Accura Si 10	强度和耐湿性好，原型的精度和质量好	适用于"QuickCast"式样，熔模铸造
Accura Amethyst	综合性能好	适合于制作高品质、精确珠宝式样，精美细致的原版模型，并可用于直接铸件

2）VisiJet系列。VisiJet系列塑料材料的优异性能够满足各种商业应用。借助MJP打印技术，3D Systems公司的ProJet系列3D打印机使用VisiJet系列材料，可制造高精度、高清晰度的模型和原型，用于概念验证、功能测试、模具制造、直接铸造模具等。VisiJet系列材料适用于运输、能源、消费品、娱乐、医疗保健、教育等领域。你会发现VisiJet系列材料有一些特性，例如，韧性好，高耐温性，耐用性，稳定性好，水密性，生物相容性，可铸性等。VisiJet材料打印的零部件可进行钻孔、粘合、雕刻、镀金等后处理，支撑材料不仅使后处理简易、安全，而且还不损坏零件的精良工艺。

（3）HUNTSMAN公司的RenShape系列

表5-3给出了一些RenShape系列代表性的型号和特性。实际应用时，可以根据不同的要求选择合适的方案。

表5-3 HUNTSMAN公司部分RenShape系列的光固化树脂材料的型号和特性

型 号	原 型 特 性	应 用
RenShape 7800	潮湿环境中尺寸稳定性和强度持久性好，黏度较低	高质量的熔模铸造的母模、概念模型、功能模型及一般用途的制件等
RenShape 7810	性能类似于ABS	用途与RenShape 7800树脂类似
RenShape 7820	尺寸精确、材料强度好、耐用、黑色	制造汽车零部件、消费品包装、电子工业外壳、玩具等领域的应用
RenShape 7840	尺寸精确、耐用、性能类似于PP塑料，具有较好的延展性和柔韧性	适合于制造尺寸较大的概念模型和功能模型等
RenShape 7870	强度和耐久性较好，透明性优异	适合于高质量的熔模铸造的母模、大尺寸物理性能和力学性能都较好的透明模型或者制件的制作等

小 思考

　　光固化成型过程中有很多因素对打印模型的成型精度和质量有影响,你知道哪些影响因素? 为了提高打印模型的精度,各因素又该如何控制?

5.4　光固化成型技术的应用

　　在当前应用较多的几种快速成型技术中,光固化成型由于具有成型过程自动化程度高、制作原型表面质量好、尺寸精度高以及能够实现比较精细的尺寸成型等特点,因而应用最为广泛。在概念设计的交流、单件小批量精密铸造、产品模型、快速工业模具及直接面向产品的模具等诸多方面广泛应用于航空、汽车、电器、消费品以及医疗等行业。

　　1. 光固化成型技术在零部件设计中的应用

　　现代规模化生产的显著特点就是零部件品种多、成型快。大型工程软件虽然可以完成虚拟装配、工况模拟、强度和刚度分析等工作,但研究过程中仍然需要做成实物验证其外观形象、可安装性和可拆卸性。制出零件原型可以验证设计思想,并进一步做功能性和装配性检验。图5-7所示为采用光固化成型的座椅扶手,可用于装配性和功能性测试;图5-8所示为采用光固化成型的移动电话,可用于构型和装配验证。

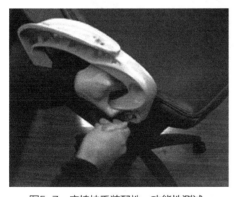

图5-7　座椅扶手装配性、功能性测试　　　　图5-8　移动电话的构型和装配验证

　　2. 光固化成型技术在航空航天、汽车制造、铸造等领域的应用

　　光固化成型制成的立体树脂模可以代替蜡模进行结壳,型壳焙烧时去除树脂模,得到中空型壳,即可浇筑出具有高尺寸精度和几何形状、表面光洁度较好的合金铸件或直接用来制注射模的型腔,可以大大缩短制模的过程,缩短制品开发周期,降低制造成本,因而在航空航天、汽车制造、铸造等领域具有广泛的应用。图5-9~图5-12所示的QuickCast原型、某发动机的关键零件、某型号航空零件、汽车进气管的快速铸造原型都是借助于光固化成型技术得到的。

图5-9　涂料后的 QuickCast 原型

图5-10　精密熔模铸造的某发动机的关键零件

图5-11　某型号航空零件

图5-12　汽车进气管的快速铸造

3．光固化成型技术在风洞实验、水路测试中的应用

风洞模型实验是航空航天飞行器研制过程中了解飞行器的性能、降低飞行器研制风险和成本的重要手段之一。风洞模型的设计制造直接影响风洞实验的数据质量、效率周期和成本。光固化成型技术可制作全透明样件，用于风动实验、水路测试等。图5-13所示为采用光固化技术加工的内嵌金属的树脂风洞模型；图5-14所示为水路测试模型。

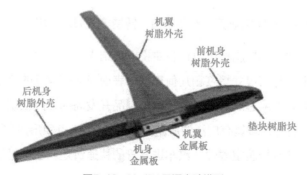

图5-13　X-45A风洞实验模型

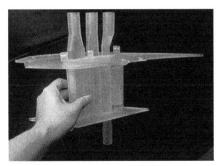

图5-14 水路测试模型

4．光固化成型技术在样品制作中的应用

光固化成型技术可以快速制造样品，供设计者和用户直观评价。主要用于检验产品外型尺寸、内部装配结构之间的配合、颜色搭配、材质配合、成本评估、市场调查、展会展览等量产工艺可行性分析与判断。图5-15和图5-16所示为采用光固化成型技术制作的吸尘器和烤面包机展示模型。

图5-15 吸尘器模型

图5-16 烤面包机模型

5．光固化成型技术在生物医学领域的应用

光固化成型技术为不能制作或难以用传统方法制作的人体器官模型提供了一种新的方法，外科医生已利用CT与核磁共振等高分辨率检测技术获得图像数据，处理表面数据点云。运用生理数据和SLA成型技术，构造出外部三维结构完全仿真的生物模型，已应用于假体制作、复杂外科手术的规划、口腔颌面修复等。图5-17所示为利用光固化成型技术制作的头颅手术模型。

基于SLA技术可以制作具有生物活性的人工骨支架，该支架具有很好的机械性能和与细胞的生物相容性，且有利于成骨细胞的黏附和生长。目前在生命科学研究的前沿领域出现的一门新的交叉学科——组织工程是光固化成型技术非常有前景的一个应用领域。图5-18所示为光固化成型技术制作的组织工程支架。

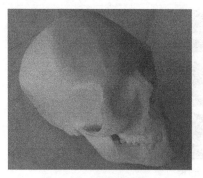
图5-17 头颅手术模型

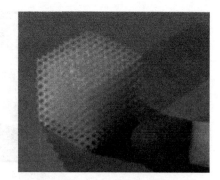
图5-18 组织工程支架

6. 光固化成型技术在珠宝、创意设计等领域的应用

光固化成型技术在文化创意领域的应用非常多，既包含了珠宝行业的个性化定制和制造，也为艺术领域的艺术家们带来了更为广阔的创作空间，在文物和高端艺术品的复制、修复，衍生品开发方面的作用也非常明显。图5-19所示为光固化成型技术在创新设计领域应用的实例。

图5-19 个性化钻戒模型和方鼎仿制模型

小思考

学完光固化成型技术和激光烧结成型技术后你是不是发现两者在很多应用领域有相似之处呢？结合两种成型技术的特点，和大家一起分享这两种成型技术的相同与不同之处，比如原材料、成型件精度、性能等各个方面。

5.5 光固化成型技术的发展方向

光固化成型技术发展至今已有了长足的进步，正继续向着工业化、产业化方向发展，它与其他先进设计和制造技术的结合越来越紧密。未来在光固化快速成型技术发展中，应对以下几个方面的发展趋势加以注意：

第一，进一步研制经济的、高效的和精密的光固化成型工艺和设备，努力提高成型精度和成型尺寸的稳定性，降低设备运行成本。

第二，继续研究成型材料的机理和性能，进一步开发高性能、低成本的光固化成型特种材料。

第三，不断拓展新的应用领域。

▶ 模块总结

光固化成型技术是最早发展起来的3D打印技术，也是目前研究最深入、技术最成熟、应用最广泛的3D打印技术之一，这种成型技术需要做到灵活运用。在本模块中，详细分析了光固化成型技术的工艺原理、工艺特点和工艺过程，这是本模块的核心内容，需做到深刻理解，熟练掌握。有关光固化成型材料的相关知识，如光敏树脂的性能要求、分类及国内外一些代表性企业的光敏树脂的型号及特点，进行了解，实际应用时，能够根据需要进行合理选择即可。光固化成型技术在航空航天、汽车制造、铸造、风洞实验、水路测试、样品制作、生物医学、珠宝、创意设计等领域有着广泛的应用。未来随着光固化技术设备和成型材料成本的降低，光固化成型技术的应用领域也在不断扩展中。

▶ 模块任务

结合本模块学习的光固化成型的知识，灵活运用，解决实际问题。

● 任务背景

口腔修复体的设计与制作目前在临床上仍以手工为主，程序繁琐、效率较低，精度较低。数字牙科通过三维扫描、CAD/CAM设计，牙科实验室可以准确、快速、高效地设计牙冠、牙桥、石膏模型、种植导板和矫正器等，将设计的数据通过3D打印技术直接制造出模型，实现整个过程的数字化，可大大缩短口腔修复的周期。你的牙科医生朋友向你咨询哪种3D打印技术可以帮到他？利用所学的知识向他推荐一种你认为可行的3D打印技术，并说明整个工艺过程和选择这种3D打印技术的理由。

● 任务组织

分组，每组3~5人，首先讨论确定哪种3D打印技术，再说明你们小组选择这种技术的优势是什么，最后制定打印的工艺流程，完成后各小组进行交流和辩论，看一看哪个小组的方案更完善。任务结束后在3DMonster系统中进行总结和评价。

一轮任务时间：15min左右。时间充裕可轮流进行任务。

▶ 课后练习与思考

1. 简述光固化成型技术的工艺原理。

2. 简述MIP-SLA成型技术的工艺原理

3. 简述光固化成型技术的工艺特点。

4. 简述光固化成型技术的工艺过程。

5. 简述光固化成型技术对光敏树脂的特殊要求。

6. 光固化成型技术主要应用在哪些领域，举例说明。

7. 谈一谈你对光固化成型技术未来发展趋势的看法。

8. 分组在网上搜集更多关于光固化成型技术的资料，如光固化快速成型零件精度的影响因素等，整理成报告向全班同学做汇报。

模块6　三维打印成型

▶ 学习目标

- 了解三维打印成型技术的种类。
- 掌握三维打印成型技术的工艺原理与工艺特点。
- 掌握三维打印成型技术工艺过程。
- 了解三维打印粉末材料和黏结剂的种类及特性。
- 了解光固化成型技术的应用领域和发展方向。

▶ 猜一猜

猜一猜图6-1中色彩逼真的立体城堡和惟妙惟肖的全彩人物是通过什么方法制作的？

图6-1　城堡和人物

　　这些色彩绚丽的石膏粉末模型，都是利用三维打印技术直接彩色打印出来的，而不是通过后期的染色处理实现的。利用全自动人体3D扫描仪获取人体数据，借助三维打印成型技术可制作全彩色3D打印自拍像，是不是很炫酷。下面一起来学习有关三维打印成型的知识。

内容预热

三维打印成型（Three Dimension Printing，3DP）是20世纪80年代末由美国麻省理工学院开发的一种基于微滴喷射的技术，该技术简化了一般成型过程的程序，采用类似于喷墨打印机的独特喷墨技术，只是将喷墨打印机墨盒中的墨水换成了液体黏结剂或者成型树脂。喷头将黏结剂按照之前设计的模型数据逐层喷射出来，将成型材料凝结成二维截面，重复此过程，并将各个截面堆积并重叠黏接在一起，最后得到所需要的完整的三维模型。支持多种材料类型，可以制作出具有石膏、塑料、橡胶、陶瓷等属性的产品模型。不仅可以在设计时制作概念模型，而且可以工业化制作较大规格的产品模型。在生物领域，骨头或器官的成型也可以通过3DP技术完成，不仅形状合适，而且选择适当的材料还能解决其生物相容性等问题，甚至能将细胞排序直接成型出所需要的人体器官。

根据成型过程中使用的材料可将三维打印成型技术分为3种：黏接材料三维打印成型技术、光固化三维打印成型技术和熔融材料三维打印成型技术。目前国外对3DP各种类型技术展开研究和开发工作并商业化的企业较多，其中以美国的3D Systems公司和Solidscape公司，以及以色列的OBJET Geometries等公司作为主要代表。在本模块中将学习三维成型技术的种类、基本原理、工艺特点、工艺过程、成型材料、应用领域及发展方向。

核心知识

6.1 三维打印成型技术种类

1. 液滴黏接粉末三维打印成型技术

此类3DP技术是最早开发的一类三维打印成型技术，最初是由麻省理工学院于20世纪80年代开发。其成型原理是由喷墨打印头按照计算机所设计的模具轮廓向粉末成型材料喷射液体黏结剂，使粉末逐层打印并重叠黏成型制件，可通过对墨盒数量及颜色的控制打印出多色三维零件。此技术以ZCorporation公司制造的Z系列三维打印机为代表，能打印彩色原型件，可以更大限度地适应市场需求，应用更加广泛。

2．液滴喷射固化三维打印成型技术

此类技术原理同样基于微滴喷射技术，但由液态光敏树脂代替粉末材料作为成型材料，原理是将光敏树脂按照计算机所设计的轮廓逐层喷出，并通过紫外光迅速固化成型。喷头沿平面运动的过程中，将喷射树脂材料和支撑材料同时喷出，形成所需要的截面，并通过紫外光固化。按此过程不断重复，层层叠加。该技术将喷射成形和光固化成形的优点结合在一起，大大提高了成型精度，并降低了成本。此技术以OBJET Geometries公司及3D Systems公司等生产的各系列三维打印机为代表。

3．熔融材料三维打印成型技术

此类技术与光固化三维打印成型技术过程比较类似，所使用成型材料为熔融材料，通过加热材料熔融，使其按照所设计的轮廓从喷头喷出，并逐层堆积，同时喷出相应的支撑材料成型。与光固化三维打印技术相比，只是少了紫外光固化环节，过程更简洁。此技术以Solidscape公司的T系列三维成型机为代表，3D Systems公司也相继推出了熔融蜡的3DP成型机和喷射热塑性塑料的3DP快速成型机。

由于3DP技术有多种，而每种技术使用的成型原理不尽相同，本模块主要针对液滴黏接粉末三维打印成型技术进行描述和分析。

小 思考

本模块的重点内容是液滴黏接粉末三维成型技术，因为目前这种技术是3DP技术中应用最广泛和最成熟的，但是液滴喷射固化三维打印成型技术的应用也是在不断扩展中，请大家课后收集更多有关液滴喷射固化三维打印成型技术，然后分组讨论。后面模块12中将要学习的PCB 3D打印机正是在这种技术基础上发展起来的。

6.2 液滴黏接粉末三维打印成型技术的工艺原理

液滴黏接粉末三维打印成型技术的原理是使用喷头喷出黏结剂，按计算机设计选择性地将粉末材料逐层黏结起来。可以使用的成型材料有石膏粉、淀粉、陶瓷粉、金属粉、热塑材料等。图6-2所示为3DP技术的工艺原理图，先由铺粉辊从右往作移动，将储粉腔里的粉末均匀地在成型腔上铺一层，然后按照设计好的零件模型，由打印头按照零件第一层粉末截面的形状喷洒粘结剂，然后成型缸平台向下移动一定距离，再由铺粉辊从供粉缸中平铺一层粉末到刚才打印完的粉末层上，然后再由打印头按照第二层截面的形状喷洒黏结剂，层层递进，最后得到的零件整体是由各个横截面层层重叠起来的。这种技术的好处是不但可以制作出内部空心的零件，而且还能制作出各种形状复杂、要求精细的零件模型，将原来只能在成型车间才能进行的工艺搬到了普通办公室，增加了设计应用面。

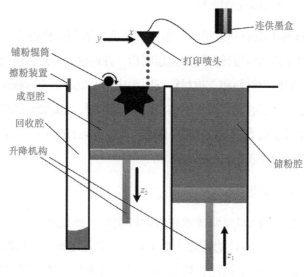

铺粉辊筒
擦粉装置
成型腔
回收腔
升降机构
连供墨盒
打印喷头
储粉腔

图6-2　3DP技术的工艺原理图

6.3　三维打印成型技术的工艺特点

1. 三维打印成型的优点

与其他3D打印成型技术相比,三维打印成型技术具有很多优点,主要如下所述:

1)成本低,体积小。由于3DP技术不需要复杂的激光系统,使得整体造价大大降低,喷射结构高度集成化,整个设备系统简单,结构紧凑,可以将以往只能在工厂进行的成型过程搬到普通的办公室中。

2)材料类型选择广泛。3DP技术成型材料可以是热塑性材料、光敏材料、也可以是一些具备特殊性能的无机粉末,如陶瓷、金属、淀粉、石膏及其他各种复合材料,还可以是成型复杂的梯度材料。

3)打印过程无污染。打印过程中不会产生大量的热量,也不会产生VOC,无毒无污染,是环境友好型技术。

4)成型速度快。打印头一般具有多个喷嘴,成型速度比采用单个激光头逐点扫描要快得多。单个打印喷头的移动速度十分迅速,且成型之后的干燥硬化速度很快。

5)运行维护费用低、可靠性高。打印喷头和设备维护简单,只需要简单地定期清理,每次使用的成型材料少,剩余材料可以继续重复使用,可靠性高,运行费用和维护费用低。

6)高度柔性。这种成型方式不受所打印模具的形状和结构的任何约束,理论上可打印任何形状的模型,可用于复杂模型的直接制造。

2. 三维打印成型的不足之处

1）制件强度较低。由于采用液滴直接黏接成型，制件强度低于其他快速成型方式，因此一般需要加入一些后处理程序（如干燥、涂胶等），以增强最终强度，延长所成型模具的使用寿命。

2）制件精度有待提高。虽然该技术已具备一定的成型精度，但是比起其他的快速成型技术，精度还有待提高，特别是液滴黏结粉末的三维打印成型技术，其表面精度受粉末成型材料特性和成型设备的约束比较明显。

6.4 液滴黏接粉末三维打印成型技术的工艺过程

用液滴黏接粉末三维打印成型技术制作零件的工艺过程与SLS工艺过程类似，也采用粉末材料成形，如石膏粉末、塑料粉末等。所不同的是材料粉末不是通过烧结连接起来的，而是通过喷头用黏接剂（如硅胶）将零件的截面"印刷"在材料粉末上面。用黏接剂黏接的零件强度较低，还需后处理加固。具体如下：

1. 前期数据准备

1）利用三维CAD系统完成所需生产零件的模型设计。

2）切片分层，将模型转化为STL文件，利用专用切片软件将其切成薄片。切片的厚度根据精度要求来决定，通常精度要求越高的区域，切片越薄。

2. 原型制作

在开始加工前，先在工作平台上铺一层白色的粉末材料，然后设备喷头在计算机控制下按照截面轮廓对实心部分所在的位置喷上黏接剂和色彩，使粉末颗粒黏接在一起并带上色彩，很像平面打印图案的形式。一层材料黏结完毕，成型缸下降一个距离（层厚：0.013～0.1mm），供粉缸上升一定高度，推出若干粉末，并被铺粉辊推到成型缸，铺平并被压实。喷头在计算机的控制下，按下一建造截面的成型数据有选择地喷射黏结剂建造层面。铺粉辊铺粉时多余的粉末被集粉装置收集。如此周而复始地送粉、铺粉和喷射黏结剂，最终完成一个三维粉体的黏结。未被喷射黏结剂的地方为干粉，在成形过程中起支撑作用，且成形结束后，比较容易去除。回收的粉末材料可以重复利用，减少浪费，如图6-3所示。

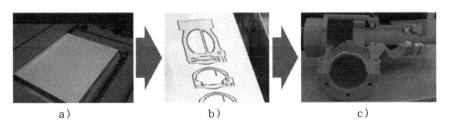

a)   b)   c)

图6-3 液滴黏接粉末三维打印成型技术的原型制作过程

a）粉末材料 b）逐层打印 c）原型制作完成

3. 后处理

原型打印过程完成之后，需要一些后续处理措施来达到加强模型成型强度及延长保存时间的目的，其中包括静置、强制固化、去粉、包覆等。

打印过程结束之后，需要将打印的模型静置一段时间，使得成型的粉末和黏结剂之间通过交联反应、分子间作用力等作用固化完全，尤其是对于以石膏或水泥为主要成分的粉末。成型的首要条件是粉末与水之间作用硬化，之后才是黏结剂部分的加强作用，一定时间的静置对最后的成形效果有重要影响。当模型有初步硬度时，可根据不同类别用外加措施进一步强化模型，例如，通过加热焙烧、真空干燥、紫外光照射方式。此工序完成之后所制备模型具备较强的硬度，要将表面其他粉末除去，用刷子将周围大部分粉末除去，剩余的较少粉末可通过机械振动、微波振动、不同向风吹等除去。也有研究称可将模具浸入特制溶剂中，此溶剂能溶解散落的粉末，但是对固化成型的模型不能溶解，可达到除去多余粉末的目的。

对于去粉完毕的模型。特别是石膏基、陶瓷基等易吸水材料制成的模型，还需要考虑其长久保存问题，常见的方法是在模型外面刷一层防水固化胶，增加其强度，防止因吸水减弱强度。或者将模型浸入能起保护作用的聚合物中，比如环氧树脂、氰基丙烯酸酯、熔融石蜡等。最终的模型可兼具防水、坚固、美观、不易变形等特点。

思考

采用液滴黏接粉末三维打印成型技术打印的模型，能否直接作为受力结构件，为什么？

拓展知识 ● ● ●

液滴黏接粉末三维打印成型技术的工艺参数分析

三维打印快速成型制件除了受到材料特性的影响外，还取决于成型过程的工艺参数。这些参数包括：喷头到粉末层的距离、每层粉末的厚度、喷射和扫描速度、辊子运动参数、每层间隔时间等。为了提高三维打印快速成型系统的成型精度和速度，保证成型的可靠性，需要对结合材料的特性确定最佳工艺参数。

1. 喷头到粉层的距离

需要选择合适的喷头到粉末层的距离。该距离太远会导致液滴的发散，不能准确地到达粉末层上，影响成型精度；反之则粉末在液滴的冲击作用下容易溅射到喷嘴上，或由于铺粉辊子的运动使部分粉末扬起，落到喷头上，造成微小喷嘴的堵塞，导致成型失败，影响喷头的寿命。

2. 每层粉末的厚度

每层粉末的厚度等于工作平面下降一层的高度，即层厚。当要求有较高的表面精度或是较高的制件强度时，层厚应取较小值。能满足制件精度和强度的最大层厚受粉末黏接所需的溶液饱和度限制，其最大厚度小于采用激光烧结粉末的SLS。在三维打印快速成型中，黏接溶液与粉末孔隙体积之比，即饱和度对成型制件的性能影响很大。饱和度的增加在一定范围内可以明显提高制件的密度和强度，但是饱和度过大容易导致变形量的增加，使层面翘曲变形，甚至无法成型。除了与喷射模式有关外，饱和度与层厚成反比，层厚越小，饱和度越大，层与层黏接强度越高，但是会导致成型的总时间成倍增加，还有可能产生变形和翘曲。

3. 喷射模式和扫描速度

成型过程中，喷头的喷射模式和扫描速度直接影响到成型的精度，低的喷射速度和扫描速度对成型精度的提高是以成型时间增加为代价的，在三维打印快速成型工艺参数的选择上需要综合考虑。

4. 每层成型时间

三维打印成型一层截面的过程为：均匀铺撒粉末；辊子压平粉末；喷射扫描成型；系统返回初始位置；Z轴下降一层。每层成型时间是上述各个动作所需时间之和。每层成型时间的增加会导致总成型时间成倍增加，喷头因较长时间停滞而造成局部堵塞，还容易导致成型截面的翘曲变形，并随着辊子的运动而产生移动，造成Y方向尺寸变化，影响成型精度。因此必须有效地控制每层成型时间。

由于提高喷射扫描速度会影响成型的精度，且喷射扫描时间只占每层成型时间的1/3左右，而均匀铺撒粉末和辊子压平粉末的时间约占每层成型时间的1/2，缩短每层成型时间必须提高粉末铺覆的速度。过高的辊子平动速度不利于产生平整的粉末层面，而且会使有微小翘曲的截面整体移动，导致错层等缺陷，甚至使已成型的截面层整体破坏。因此，通过提高辊子的移动速度来减少粉末铺覆时间存在很大的限制。综合上述因素，每层成型速度的提高需要较大的加速度并有效地提高均匀铺撒粉末、系统回零等辅助运动的速度。

5. 辊子的运动参数

辊子的转动速度：提高辊子的转动速度可以增加粉末的致密度，使粉末层平整，对提高制件密度、改善表面质量有一定影响，但是容易使制件在Y方向的尺寸增加。

辊子的移动速度：辊子移动需要与辊子转速相匹配，过高的移动速度容易破坏粉末的平整度，反之则不易压实粉末。

6. 其他工艺参数

其他工艺参数还包括环境温度、清洁喷头间隔时间、补粉时间间隔等。环境温度对液滴喷射和粉末的黏接固化都会产生影响。温度降低会延长固化时间，导致变形增加，一般环境温度控制在10～40℃之间是较为适宜的。清洁喷头间隔时间根据粉末性能有所区别，一般喷射50层后需要清洁一次，以减少喷头堵塞的可能性。补粉时间间隔根据供粉缸的容积和粉末铺覆的速率来确定。

6.5 液滴黏接粉末三维打印成型技术的成型材料

1. 成型材料概述

成型粉末部分由填料、黏结剂、添加剂等组成。相对其他条件而言，粉末的粒径非常重要。

径小的颗粒可以提供相互间较强的分子间作用力，但滚动性较差，且打印过程中易扬尘，导致打印头堵塞；大的颗粒滚动性较好，但是会影响模具的打印精度。粉末的粒径根据所使用打印机类型及操作条件的不同可从1μm到100μm。其次，需要选择能快速成型且成型性能较好的材料，可选择石英砂、陶瓷粉末、石膏粉末、聚合物粉末（如聚甲基丙烯酸甲酯、聚甲醛、聚苯乙烯、聚乙烯、石蜡等），金属氧化物粉末（如氧化铝等）和淀粉等作为材料的填料主体，选择与之配合的黏结剂即可达到快速成型的目的。加入部分粉末黏结剂可起到加强粉末成型强度的作用，其中聚乙烯醇、纤维素、麦芽糊精等可以起到加固作用，但是其纤维素链长应小于打印时成型缸每次下降的高度，胶体二氧化硅的加入可以使得液体黏结剂喷射到粉末上时迅速凝胶成型。除了简单混合，将填料用黏结剂（聚乙烯吡咯烷酮等）包覆并干燥可更均匀地将黏结剂分散于粉末中，便于喷出的黏结剂均匀渗透进粉末内部。或者将填料分为两部分包覆，其中一部分用酸基黏结剂包覆，另一部分用碱基黏结剂包覆，当二者相遇时便可快速反应成型。包覆方法也可有效减小颗粒之间的摩擦，增加其滚动性，但要注意包覆厚度要很薄，介于0.1~1μm之间。

成型材料除了填料和黏结剂两个主体部分，还需要加入一些粉末助剂调节其性能，可加入一些固体润滑剂增加粉末滚动性，如氧化铝粉末、可溶性淀粉、滑石粉等，有利于铺粉层薄均匀；加入二氧化硅等密度大且粒径小的颗粒增加粉末密度，减小孔隙率，防止打印过程中黏结剂过分渗透；加入卵磷脂减少打印过程中小颗粒的飞扬以及保持打印形状的稳定性等。另外，为防止粉末由于粒径过小而团聚，需采用相应方法对粉末进行分散。

总的来说，三维打印成型对粉末材料的要求为：

1）颗粒小，最好成球状，均匀，无明显团聚。

2）粉末流动性好，使供粉系统不易堵塞，能铺成薄层。

3）在溶液喷射冲击时不产生凹陷、溅散和孔洞。

4）与黏接溶液作用后能很快固化。

对所使用的溶液的要求为：

1）易于分散、稳定的液体，能长期储存。

2）不腐蚀喷头。

3）黏度足够低，表面张力足够高，以便能按预期的流量从喷头中喷射出。

4）不易干涸，能延长喷头抗堵塞时间。

三维打印成型制件的强度一般较低，表面质量较差，往往需要进行后处理，以提高制件的强度或利于打磨，提高表面光洁度。后处理材料的要求为：

1）与成型制件相匹配，不破坏制件的表面质量。

2）能够迅速与制件作用，处理速度快。

3）稳定，能长期储存的液体。

4）粉末、黏接溶液以及后处理材料都应该保证无毒，无污染，价格低廉。

2. 成型材料类型

三维打印成型材料种类十分广泛，根据粉末类型来分，可以是陶瓷（如氧化铝、氧化锆、硅酸锆、碳化硅）、金属、塑料、石膏、淀粉或复合材料等。但目前应用最广泛的主要有陶瓷基粉末、淀粉基粉末和石膏基粉末3类。下面将分别介绍陶瓷基、淀粉基、石膏基粉末及其黏接溶液材料。

（1）淀粉基复合粉末和黏接剂

淀粉基复合粉末具有价格低廉，易于黏接的优点，是最先被研究的三维打印成型材料类型。其主要成分为黏接剂、填充物、增强纤维以及成型添加剂等。黏接剂采用水溶性混合物粉末，例如，水溶性聚合物、碳水化合物、糖、糖醇，以及一些有机/无机混合物等。填充物可以黏接粉末、改善粉末的润湿性，一般应选择具有低吸湿性与高黏接强度的材料，其颗粒尺寸为20～200pm，不同颗粒直径的组合可以促进溶液渗透并保证合适的孔隙率。增强纤维用于提高制件强度，最好不溶于黏接溶液，但必须易于被润湿。纤维长度应与层厚相当，较长的纤维会损害制件表面，含量过多会使铺粉困难。常用的增强纤维有：纤维素、石墨纤维等。粉末中还可以加入少量的卵磷脂液体作为成型助剂，它略溶于水，可使粉末间产生轻微黏接，以减少尘埃的形成。喷射入液滴后，在短时间内卵磷脂继续使未溶解的颗粒相黏接，减少成型层短暂时间内的变形。

淀粉基复合粉末可采用水基黏接溶液，其溶剂可以是水、乙醇等。湿润剂可选择甘油，也可用多元醇。适用的增流剂有异丙醇、水溶性聚合物等。

淀粉基复合粉末三维打印成形制件的缺点是强度低，尺寸精度差，表面颗粒感强，难以表达微细结构。

（2）陶瓷粉末和黏接剂。

陶瓷粉末三维打印成型对于模具工业、微细加工以及医学工程等方面的应用具有重要的意义，根据陶瓷粉末黏接方式可分为以下几种方式：

1）采用喷头分别喷射引发剂（如过硫酸胺）和催化剂（如四甲基乙二胺）使陶瓷粉末固化成形。这种方法精度和稳定性较差。

2）陶瓷粉末中直接混入能与水作用的黏接剂粉末，如石膏、聚合物、水玻璃等。该方法简单，但是黏接剂粉末和陶瓷粉末很难充分混合，成型精度、制件分辨率和成形强度都较低。

3）陶瓷粉末与黏接剂溶液充分混合，待干燥形成块状体后用球磨机充分研磨，形成陶瓷包覆粉末。这种方法成形质量好、可靠性好，但是成本高，需要根据陶瓷粉末的类型选择不同的黏接剂材料，且由于加入较大量的黏接剂成分，影响了陶瓷的致密度，使烧结后的强度大大降低。

4）以胶体二氧化硅为主要成分作为黏接溶液，使陶瓷粉末黏接成型。

（3）石膏基粉末和黏接剂

石膏基粉末具有成型速度快，成型精度和强度好，价格低廉，无毒无污染等优点。三维打印成型过程中，采用逐层黏接的方式，不允许出现多余游离水形成石膏浆料的现象，其成型原理和采用过量水的石膏浆模具成型有很大的区别。试验证明，选择一定量的聚乙烯醇和甲基纤维素作为黏接剂，少量硬石膏作为速凝剂，少量白碳黑作为分散剂等，在三维打印成型中具有良好的效果。

与上述粉末相匹配的是水基溶液，溶液以蒸馏水为主，其中加入少量的黏接剂、增流剂、湿润剂、潜溶剂、表面活性剂等物质。通过大量的试验，得到以下一些结论：以聚乙烯吡咯烷酮作为黏接剂和增流剂，提高石膏的黏接强度，降低溶液与喷嘴之间的摩擦力，提高溶液的流动性，能黏接更厚的粉层；以少量乙二醇或甘油作湿润剂延迟溶液干涸，防止堵塞喷头；以硫酸钾作为促凝剂，加速石膏的水化；此外添加一定增溶剂、增流剂和表面活性剂等，以增加黏接剂的溶解，提高喷头的使用寿命，调节溶液表面张力。

6.6　三维打印成型技术的应用

作为一种新兴技术，3DP技术应用的边界还远远未被划定。无数研究人员正在使用其无比的创造力和卓有成效的实践，在众多领域运用3DP技术制造他们所需要的制件。目前3DP技术迅速在工业造型、制造、建筑、教学、艺术、医学、航空、航天、生物和电子电路等领域得到了广泛的应用。

1. 三维打印成型技术在模型制作领域的应用

三维打印成型可以用于产品模型的制作，提高设计速度，提高设计交流的能力，成为强有力的与用户交流的工具，进行产品结构设计及评估，样件功能测评。除了一般工业模型，三维打印可以成型彩色模型，特别适合建筑模型、概念模型、教育模型以及营销展示模型等，图6-4～图6-7所示为三维打印成型在这些领域的应用实例。

此外，彩色原型制件可表现出三维空间内的温度、应力分布情况，这对于有限元分析尤其有用。根据有限元分析的数据，3DP技术可用几百万色打印出彩色应力模型，便于设计人员快速了解产品设计中的材料应力分布，发现零件薄弱之处并及时修改。

图6-4　建筑模型

图6-5　概念模型

图6-6　教学模型

图6-7　销售、营销展示模型

2. 三维打印成型技术在快速模具领域的应用

三维打印成型可用于制作母模、直接制模和间接制模，对正在迅速发展和具有广阔应用前景的快速模具领域起到积极的推动作用。将三维打印成型制件经后处理作为母模，浇注出硅橡胶模，然后在真空浇铸机中浇注聚亚胺酯复合物，可复制出一定批量的实际零件。聚亚胺酯复合物与大多数热塑性塑料性能大致相同，生产出的最终零件可以满足高级装配测试和功能验证。此外，将原型制件作为母模，经表面打磨后，再进行金属喷镀，形成模具型腔，可用于短期使用的热塑性材料注射模具。制作模具型腔的其他方法还有：对原型制件进行电沉积并加背衬或浇注金属树脂混合物形成模具型腔等。此外，还可与熔模铸造结合起来。图6-8和图6-9所示分别为采用三维打印技术制作的蜡模及铸模。

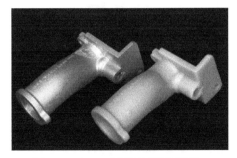

图6-8　3DP工艺制作的蜡模及零件

图6-9　3DP工艺制作的铸模及零件

3．三维打印成型技术在生物、医学、制药领域的应用

运用三维打印技术可以快速精确地制造人体的器官模型。借助器官模型，医生可以对患者进行病情诊断。同时人体器官模型可以帮助医生充分进行术前讨论，以寻求最佳的手术治疗方案，从而能有效缩短手术时间，降低手术风险。由于医用模型的应用易于推广，该市场在发达国家正迅速扩张。图6-10和图6-11所示均为三维打印制作的医用模型。除了医用模型，利用三维打印还可以制造出高效药品。由于药品的尺寸形状相似度高，且成形工艺过程易于移植，应用前景广阔。美国科学家已成功利用三维打印快速成型技术制造出可供口服的可控释放药片。三维打印也可制造出人工骨骼，将可降解的工程材料作为打印材料，利用三维打印设备制作成携带活性因子且疏松多孔的人工骨骼，当人工骨骼植入生命体后，经过一段时间的降解、钙化，可被生命体完全吸收并形成新骨，其有效性已经在动物实验中得到了验证。

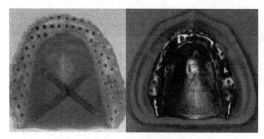 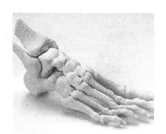

图6-10　全口上颌基托蜡型及实物　　　　　图6-11　手指骨模型

4．三维打印成型技术在电子电路领域的应用

迄今为止常规的电子制造仍只能通过蒸镀、溅射、沉积等颇为耗时、耗材及耗能的工艺完成。而液滴喷射三维打印成型技术，直接在基板上形成能导电的线路和图案，这一技术未来有望改变传统电子电路制造规则。目前喷射三维打印成型技术在电子电子路制造中的柔性电路制造、喷印阻焊剂墨水、字符墨水等已经成功并在不断推广应用，如图6-12所示。个性化的电路设计方法，使其在电子工程、个性化电子元件设计和制造加工等方面有较大应用空间。

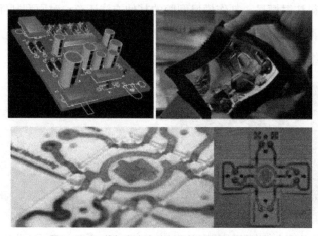

图6-12　三维打印在电路制作等新领域中的应用

6.7　三维打印成型技术的发展趋势

目前三维打印成型技术得到了飞速发展，获得了良好的应用效果，但作为一项新兴制造技术，尚处于一个不断发展、不断完善的过程之中。目前，三维打印技术还有很大的发展空间，未来应该会向以下几个方面发展。

1．材料多元化

制约三维打印快速成型技术应用推广的主要因素是成型材料的特殊性与成型设备的适用性。目前可用于商业化三维打印快速成型的材料主要包括高分子材料、无机非金属和金属材料。虽然高分子材料在商业化三维打印机中已经得到广泛应用，但其他材料的应用仍处于探索阶段。有限的可选择的打印材料限制了三维打印技术的推广。而随着技术的进步，可利用材料的种类越来越丰富，未来将出现更多具有良好综合性能的成型材料，为三维打印技术的推广提供良好的支撑。

2．产品应用领域扩大，性能提高

随着可供选择的打印材料的不断扩充，三维打印机能够打印出来的产品将不断增加，应用领域将不断扩大。更为重要的是，随着新工艺的开发和设备的改进，产品的尺寸精度与性能将进一步提高，对传统制造业的冲击将逐渐显现。

3．专业打印机与个人打印机并行发展

在商业领域，拓展三维打印设备的体积以容纳更多零部件是拓展市场的前提。而个人应用领域，面对消费者个性化的需求，将会出现外形更为小巧，更加经济实用，适合办公室工作环境的机型。

▶ 模块总结

　　三维打印成型技术近几年在国内外发展十分迅速。其作为一种主流的3D打印技术之一，需要读者认真学习并掌握。本模块中首先介绍了三维打印成型技术的种类，包括液滴黏接粉末三维打印成型技术、液滴喷射固化三维打印成型技术和熔融材料三维打印成型技术，并对每种三维打印技术的原理做了简要的说明，这部分内容要熟悉。接下来重点阐述了液滴黏接粉末三维打印成型技术，包括其工艺原理、工艺特点和工艺过程，作为本模块的核心内容需要熟练掌握。有关三维打印技术粉末材料的要求、类型等知识需要了解。三维打印成型技术广泛应用于模型制作、快速模具、生物、医学、制药、电子电路等领域。未来随着材料的多元化以及成本的降低，三维打印技术还将在更多的领域中得到应用。

模块任务

至此，已经学习完了三维成型技术的相关知识，你是不是能灵活运用了呢？

● **任务背景**

粘土动画《海盗！一个冒险的科学家》你看过吗？阿德曼公司选择了3D打印机用来打印片中人物的头部和嘴部。这里有超过20 000个可替换的嘴部需要打印，对于3D打印精度的要求非常高，而且所有嘴部都要具有互换性以及与人物头部的匹配性。而且由于电影拍摄过程中如此巨量的部件打印需求，3D打印设备需要满足24小时不间断打印，每天完成数百个部件的生产能力。最终，在最新的3D打印技术的帮助下，《海盗！一个冒险的科学家》粘土动画按时面市，并且很好地实现了费用控制。前面已经学习了熔融堆积成型技术、光固化成型技术、选择性激光烧结成型技术和三维打印成型技术，你认为哪种打印技术更适合完成这项任务，选择的理由是什么？

● **任务组织**

分组，每组5人，讨论确定你们组选择的技术方案，结合这种成型技术的工艺过程、特点等方面来说明你们选择的依据，每组选出一名代表进行辩论，最后评选出最优的方案。任务结束后在3DMonster系统中进行总结和评价。

每组辩论时间：10min左右。时间充裕可补充论点。

课后练习与思考

1．简述三维打印成型技术的分类。

2．叙述液滴黏接粉末三维打印成型技术的工艺原理。

3．简述三维打印成型技术的工艺特点。

4．简述液滴黏接粉末三维打印成型技术的工艺过程。

5．简述三维打印成型材料的主要类型。

6．三维打印成型技术主要应用在哪些领域，举例说明。

7．谈一谈你对三维打印成型技术未来发展趋势的看法。

8．分组在网上搜集更多关于三维打印成型技术的资料，如熔融材料三维打印成型技术等，整理成报告向全班同学做汇报。

模块7　薄材叠层制造成型

▶ 学习目标

- 掌握薄材叠层制造成型的工艺原理和工艺特点。
- 熟悉薄材叠层制造成型的工艺过程。
- 了解薄材叠层制造成型的种类及特性。
- 了解薄材叠层制造成型的应用领域和发展方向。

▶ 猜一猜

猜一猜图7-1中的军用水壶和太极球是通过什么方法制作的？

图7-1　军用水壶和太极球

它们的纹理看起来是不是很像木材？没错，它们就是利用纸材借助于薄材叠层制造成型技术打印出来的。下面一起来学习薄材叠层制造成型的知识。

▶ 内容预热

薄材叠层制造成型（Laminated Object Manufacturing，LOM）工艺也被称为分层实体制造技术。LOM技术最早于1986年由Helisys公司（后为CubicTechnologies）

的MichaelFeygin研制成功。研究LOM技术的公司除了Helisys公司，还有日本Kira公司、瑞典Sparx公司、新加坡Kinergy精技私人有限公司、清华大学、华中科技大学等。

　　LOM是几种最成熟的快速成型制造技术之一。这种制造方法和设备自1991年问世以来，得到迅速发展。由于叠层实体制造技术多使用纸材，成本低廉，制件精度高，而且制造出来的木质原型具有外在的美感性和一些特殊的品质，因此受到了较为广泛的关注，在产品概念设计可视化、造型设计评估、装配检验、熔模铸造型芯、砂型铸造木模、快速制模母模以及直接制模等方面得到了迅速应用。在本模块中将学习薄材叠层制造成型技术的基本原理、工艺特点、工艺过程、成型材料、应用领域及发展方向。

▶ 核心知识

7.1　薄材叠层制造成型技术的基本原理和工艺特点

1．薄材叠层制造成型技术的基本原理

　　薄材叠层制造成型技术的基本原理如图7-2所示。薄层材料（纸、塑料薄膜或复合材料）单面涂敷一层热熔胶，通过热压辊的压力和传热作用使材料表面达到一定温度，热熔胶熔化，使薄层粘合在一起。随后位于其上方的激光器按照CAD模型切片分层所获得的数据，将薄层材料切割出零件在该层的内外轮廓。激光每加工完一层后，工作台下降相应的高度，然后再将新的一层薄层材料叠加在上面，重复前述过程。如此反复，逐层堆积生成三维实体。非原型实体部分被切割成网格，保留在原处，起支撑和固定作用，制件加工完毕后，可用工具将其剥离。

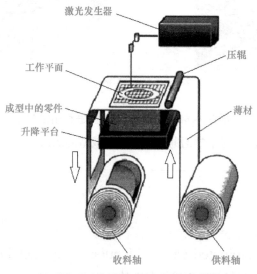

图7-2　薄材叠层制造成型技术基本原理图

小 思考

薄材叠层制造成型技术是否需要支撑？说明原因。

2. 薄材叠层制造成型技术的工艺特点

薄材叠层技术与其他快速成型技术相比具有如下优点：

1）制作精度高。这是因为在薄形材料选择性切割成型时，在原材料（涂胶的纸）中，只有极薄的一层胶发生状态变化（由固态变为熔融态），而主要的基底（纸）仍保持固态不变，因此翘曲变形较小，零件的精度较高。

2）易于制造大型零件。LOM工艺只需在片材上切割出零件截面的轮廓，而不用扫描整个截面，因此成型厚壁零件的速度较快，易于制造大型零件。

3）LOM技术具有系统及成型材料价格低廉、成型速度快、成型时无需设计支承等特点。

薄材叠层制造技术的缺点：

1）材料利用率低，并且废料不能重复利用。

2）工件表面有台阶纹，其高度为材料的厚度（通常为0.1mm），因此表面质量相对较差，成型后需进行表面打磨。

3）工件易吸湿膨胀变形，成型后需尽快进行表面防潮处理。

4）工件（特别是薄壁件）的抗拉强度和弹性不够好。

5）去除废料的工作比较费时，并且有些废料拔离比较困难。

6）叠层方向和垂直于叠层方向上的机械特性差异非常大。

7）和其他增材技术相比，由于适应面较窄，渐趋淘汰。

7.2 薄材叠层制造成型技术的工艺过程

成型的全过程可以归纳为前处理、分层叠加成型和后处理3个主要步骤。具体地说，成型的工艺过程大致如下：

1）前处理阶段。制造一个产品，首先通过三维造型软件，进行产品的三维模型构造然后将得到的三维模型转换为STL格式，再将STL格式的模型导入到专用的切片软件中进行切片。

2）基底制作。由于工作台的频繁起降，所以必须将LOM原型的叠件与工作台牢固连接，这就需要制作基底，通常设置3～5层的叠层作为基底。为了使基底更牢固，可以在制作基底前给工作台预热。

3）原型制作。制作完基底后，快速成型机就可以根据事先设定好的加工工艺参数自动完成原型的加工制作。LOM原型制作过程如图7-3所示。而工艺参数的选择与原型制作的精度、速度以及质量有关，这其中重要的参数有激光切割速度、加热辊温度、激光能量、破碎网格尺寸等。

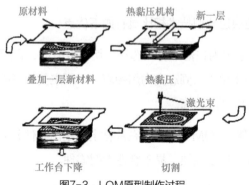

图7-3　LOM原型制作过程

4）余料去除。余料去除是一个极其烦琐的辅助过程。它需要工作人员仔细、耐心，并且最重要的是要熟悉制件的原型，这样在剥离的过程中才不会损坏原型。余料去除的一般步骤如图7-4所示。

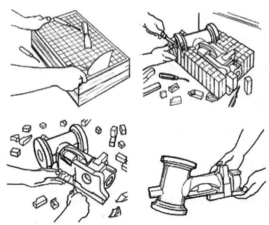

图7-4　LOM原型制作完成后余料去除情形

5）后置处理。余料去除以后，为提高原型表面质量或需要进一步翻制模具，需要对原型进行后置处理，如防水、防潮、加固并使其表面光滑等，只有经过必要的后置处理工作，才能满足原型表面质量尺寸、稳定性、精度和强度等要求。

7.3　薄材叠层制造成型技术使用的材料

LOM材料一般由薄片材料和黏结剂两部分组成，薄片材料根据对原型性能要求的不同可分为：纸片材、塑料薄膜、陶瓷片材、金属片材和复合材料片材。用于LOM纸基的热熔性黏结剂按基体树脂类型分，主要有乙烯—醋酸乙烯醋共聚物型热熔胶、聚酯类热熔胶、尼龙类热熔胶或其混合物。

目前LOM基体薄片材料主要是纸材。这种纸由纸质基底和涂覆的黏结剂、改性添加剂组成。材料成本低，基底在成型过程中始终为固态，没有状态变化，因此翘曲变形小，最适合中、大型零件的成型。在KINERGY公司生产的纸材中，采用了熔化温度较高的黏结剂和特殊的改性添加剂。所以用这种材料成型的制件坚如硬木（制件水平面上的硬度为18HR，垂直面上的硬度为100HR），表面光滑，有的材料能在200℃下工作，制件的最小壁厚可达0.3~0.5mm。成型过程中只有很小的翘曲变形，即使间断地进行成型也不会出现不黏结的裂缝，成型后工件与废料易分离，经表面涂覆处理后不吸水，有良好的稳定性。

LOM对于基体薄片材料的要求是，厚薄均匀，力学性能良好并与黏结剂有较好的涂挂性和黏接能力。对黏结剂性能的基本要求是，在LOM成型过程中，通过热压装置的作用使得材料逐层粘接在一起，形成所需的制件。材料品质的优劣主要表现为成型件的黏接强度、硬度、可剥离性、防潮性能等。用于LOM的黏结剂通常为加有某些特殊添加组分的热熔胶，它的性能要求是：

1）良好的热熔冷固性能（室温固化）。

2）在反复"熔融—固化"条件下其物理化学性能稳定。

3）熔融状态下与薄片材料有较好的涂挂性和涂匀性。

4）与纸具有足够的黏接强度。

5）良好的废料分离性能。

7.4 薄材叠层制造成型技术的应用

LOM成型技术可以于不同领域制作出原型件，例如，概念模型、设计验证、模型制作、艺术品制作以及儿童玩具制作等。快速原型件制作时间视产品大小不同，从数小时至数天。

1）直接制作纸质功能制件。用作新产品开发中工业造型的外观评价、结构设计验证。图7-5和图7-6所示为采用LOM成型技术制作的电话机模型和马桶模型。

图7-5 电话机模型　　　　　　　　　图7-6 马桶模型

2）利用材料的黏接性能，可制作尺寸较大的制件，也可制作复杂薄壁件。图7-7所示为采用LOM成型技术制作的客车模型。

图7-7 博发豪华客车在LOM模型上喷漆和必要的装饰处理后的效果图

3）运用LOM成型技术制作的原型件，可以用于铸造前进行砂模制作，以利于后续金属浇注作业，翻制金属件，金属成品的公差可达1/5～3/100。图7-8和图7-9所示为实际应用的例子。

图7-8 LOM原型件

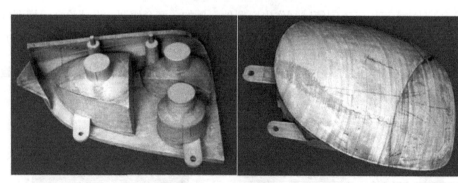

图7-9 LOM所制作汽车零组件

7.5　薄材叠层制造成型技术的发展

相比较于其他3D打印技术，LOM成型技术的效率较高。LOM成型技术可以制作大型、复杂与体积大的原型件。但是缺点为可实际应用的原材料种类较少，所完成的快速原型件很容易吸潮，因此原型件之尺寸容易变形以及所制作完成之原型件机械强度仍不足。所以，LOM快速原型系统仍有诸多地方需改善，材料的性能、种类以及后处理工艺等几个方面的技术是未来LOM成型技术研发的重要方向。

小 思考

近年来，薄材叠层制造成型技术的很多应用都被其他的3D打印技术取而代之，你认为制约薄材叠层制造成型技术发展的主要因素是什么？未来薄材叠层制造成型技术会彻底被淘汰吗？

▶ 模块总结

薄材叠层制造成型技术是较早发展起来的3D打印技术，是目前已经十分成熟的3D打印技术之一，这种成型技术需要熟悉。本模块中首先学习了薄材叠层制造成型的工艺原理、工艺特点和工艺过程，也是本模块的核心内容，需要掌握。薄材叠层制造成型技术的薄片材料可分为纸片材、塑料薄膜、陶瓷片材、金属片材和复合材料片材几种，本模块主要介绍了最常用的纸片材的组成、特点和性能要求等知识，了解即可。薄材叠层制造成型技术目前主要用于概念模型、设计验证、模型制作、艺术品制作以及儿童玩具制作等原型制作。由于原材料的种类较少和设备的成本较高，薄材叠层制造成型技术的发展遇到了瓶颈，未来还需要加强成型材料的研发，并降低设备成本。

▶ 模块任务

学完本模块内容后，一起来完成下面的任务。

● **任务背景**

好朋友小新生日，你送给他一个利用薄材叠层制造成型技术制作的名片盒，盒子上还印有他的名字。他收到礼物很开心，并且对薄材叠层制造成型技术很感兴趣，想知道这个名片盒的制作过程。你根据本模块所学习的知识，绘制了薄材叠层制造成型技术的原理图，并结合原理图讲述了薄材叠层制造成型技术的工艺过程。听完你的描述后，他应能够对薄材叠层制造成型技术有一定的了解。

● **任务组织**

　　分组，每组3人，两人进行任务，另一人进行任务观察。任务结束后在3DMonster系统中进行总结和评价。

　　一轮任务时间：15min左右。时间充裕可轮流进行任务。

课后练习与思考

　　1. 叙述薄材叠层制造成型技术的工艺原理

　　2. 简述薄材叠层制造成型技术的工艺特点。

　　3. 简述薄材叠层制造成型技术的工艺过程。

　　4. 薄材叠层制造成型技术主要应用在哪些领域，举例说明。

　　5. 谈一谈你对薄材叠层制造成型技术未来发展趋势的看法。

　　6. 分组在网上搜集更多关于薄材叠层制造成型技术的资料，整理成报告向全班同学做汇报。

模块8 金属3D直接打印成型

- 掌握激光选区熔化成型和近净成型技术的工艺原理。
- 掌握电子束熔丝成型和电子束选区熔化技术的工艺原理。
- 掌握电弧法金属成型技术的工艺原理。
- 熟悉激光选区熔化成型和近净成型技术的工艺过程。
- 熟悉电子束成型技术的工艺过程。
- 熟悉电弧法金属成型技术的工艺过程。
- 了解金属3D常用材料的类型。
- 了解金属成型技术的应用领域和发展方向。

▶ 想一想

想一想图8-1所示的金属零件新概念钥匙和空间自由曲面齿轮是通过什么方法制作的?

图8-1 示意图

它们都是通过金属3D直接打印成型技术直接打印出来的。金属3D直接打印成型技术是3D打印技术领域王冠上的明珠。该技术直接用熔融金属粉末或丝材来沉积,能够制造高受力构件及传统工艺无法加工的复杂构件、不规则构件的成型，具有精度高、成型限制极少的特点，被广泛应用于高端精密零部件制造等领域。下面一起来学习几种有关金属直接成型技术的知识。

内容预热

金属3D直接打印成型技术作为整个3D打印体系中最为前沿和最具潜力的技术，是目前先进制造技术的重要发展方向。随着科技发展对材料的不断需求，利用3D打印技术直接制造金属功能零件将会成为该技术的主要发展方向。与传统的制造技术相比，金属3D直接打印成型技术不仅可以缩短产品研发时间、降低研发成本、快速应对市场需求，而且其设计自由度宽泛以及易于与其他制造技术进行集成的特点为制造业单件、小批量、个性化零件的生产提供了可能，使之成为21世纪最具潜力的制造技术之一。

目前采用金属粉末添置方式的金属3D打印技术主要分为3类：①激光选区熔化（Selective Laser Melting，SLM）成型技术；②激光近净成型（Laser Engineered Net Shaping，LENS）技术；③电子束选区熔化（Electron Beam Selective Melting，EBSM）成型技术。采用熔丝沉积方式的金属3D打印技术主要分为两类：①电子束熔丝沉积成型技术；②电弧熔丝沉积成型技术。

采用金属3D打印技术制造的零件具有较高的强度、尺寸精确性、轻量性和水密性，因而该技术已经在航空航天、国防、汽车、医疗、电子等领域得到了应用，这些应用体现了直接由CAD数据向实体零件快速转化的制造技术的优越性。这一技术已经不止是对铸、锻、焊以及电火花加工等传统制造技术的补充，其对零件形状以及对加工材料无限制的制造特点使之更加优于传统技术。本模块将学习几种有关金属3D直接打印成型的技术。

核心知识

8.1　激光选区熔化成型技术

1. SLM成型技术的工艺原理

激光按给定路径扫描铺粉器预先铺放的一层金属粉末（厚度为20～100mm），该层金属粉末熔敷于前一层之上形成冶金结合；此时，图8-2中左侧成形缸下降一个步长（一层厚度），同时右侧料缸上升一个步长，刮板将金属粉材推向成形区。均匀铺层。预热后激光再次扫描熔敷，逐层堆积，周而复始，直至完成整个构件的3D打印成型。在这个过程中，不用其他工艺或手段，直接加工得到所设计的零件。由于是直接成型，这就要求激光能量足够大才能保障零件加工过程的顺利进行。在利用SLM加工零件的整个过程中，根据材料以及加工要求，可对工作台进行抽真空或者充入保护气，可以有效防止金属粉末尤其是容易氧化和燃点比较低的粉末在熔化和凝固过程中氧化或燃烧，既确保制造零件的精度，也可以保证加工过程的安全性。SLM成型技术的工艺原理如图8-2所示。

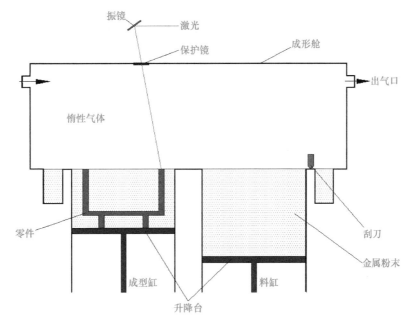

图8-2　SLM成型技术的工艺原理

2．SLM成型技术的工艺特点

（1）SLM成型技术的优点

1）可以大大缩短产品的生产周期。首先由于工艺简单，激光功率无需后续处理，可以大大缩短产品的生产周期。

2）由于激光扫描金属粉末后，金属粉末快速熔化后又极快凝固。在此过程中，产生一些相比其他工艺不太常见的细小组织，而且凝固过程类似铸造过程，零件比较致密，致密度接近100%，使其加工得到的零件有很好的力学性能和机械性能，与铸件和锻件相当甚至更好，与此同时还有较强的耐腐蚀性。

3）加工过程中所用过的粉末，收集起来过筛处理后可以重复使用，这样就节约了材料。

另外由于可以使加工过程在真空或有保护气的条件下进行，凡是在特定激光功率下能够熔化的材料都可以进行加工，故可用于加工的材料范围极其广泛。

4）由于光斑直径小，能量高，可以制备精度较高的零部件。同时，因为是直接加工成型产品，可以制备任何复杂零件。理论上，只要是可以利用CAD进行三维制图，并利用特定软件对其进行切片分层，无论外形和内置结构多复杂的零件，都可以通过SLM加工制得。

（2）SLM成型技术的不足之处

1）SLM成型过程中有球化现象。球化是成型过程中上下两层熔化不充分，由于表面张力的作用，熔化的液滴会迅速卷成球形，从而导致球化现象。为了避免球化，应该适当地增大输入能量。

2）翘曲变形。SLM成形过程是一个复杂的物理化学冶金过程，金属粉末熔化快，熔池存在时间短，快速凝固成形时存在较大的温度梯度以致于容易产生较大的热应力，以及冷却过程中会发生组织转变。不同的组织热膨胀系数不一样，也会产生组织应力，并且凝固组织还存在残余应力，这3种应力的综合作用有时会导致制件的翘曲变形与裂纹。

3．SLM成型技术的工艺过程

SLM成型技术是在SLS技术的基础上发展起来的，其成型技术过程与SLS基本相同：首先建立三维CAD模型，再将三维CAD模型进行切片分层，获取各截面的轮廓信息，并生成控制激光运动轨迹的扫描路径文件。驱动扫描控制系统，使得激光器输出的激光束沿扫描路径熔化金属粉末并冷却凝固成型，如此层层堆积，直到整个零件加工完毕，如图8-3所示。整个加工过程在有气体保护的加工室中进行，以避免金属在高温下与其他气体发生反应。

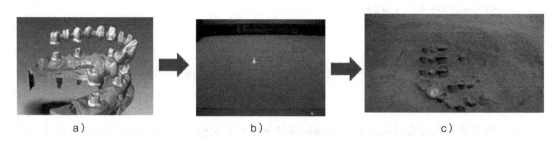

a）   b）   c）

图8-3　SLM成型技术工艺流程图

a）CAD建模及数据转换　b）激光烧结　c）制作完成

SLM技术与SLS技术最重要的区别在于：SLM技术使用更高功率密度激光器，聚焦到几十微米大小的光斑，将金属粉末完全熔化成型，可以成型单一成分的金属粉末，且适用于精度要求高的精密零件。

8.2 激光近净成型技术

1. LENS成型技术的工艺原理

激光近净成型技术于20世纪90年代中期在全世界很多地方相继发展起来，由于这是一个全新的研究领域，许多大学和机构是分别独立进行研究的，因此对这一技术的命名可谓是五花八门。例如，美国Sandia国家实验室的激光近净成形技术（Laser Engineered Net Shaping，LENS），美国Michigan大学的直接金属沉积（Direct Metal Deposition，DMD），英国伯明翰大学的直接激光成型（Directed Laser Fabrication，DLF），中国西北工业大学的激光快速成型（Laser Rapid Forming，LRF）等。虽然名称不尽相同，但是它们的原理基本相同。

其零件的成型原理为：高功率激光通过聚焦后形成一个较小的光斑作用于基体并在基体上形成一个较小的熔池，同时粉末运输系统将金属粉末通过喷嘴汇集后输送到熔池中，粉末经熔化、凝固后形成一个致密的金属点。随激光在零件上的移动，逐渐形成线和面，最后通过面的累加形成三维金属零件。图8-4所示为近净成型技术的工艺原理图。

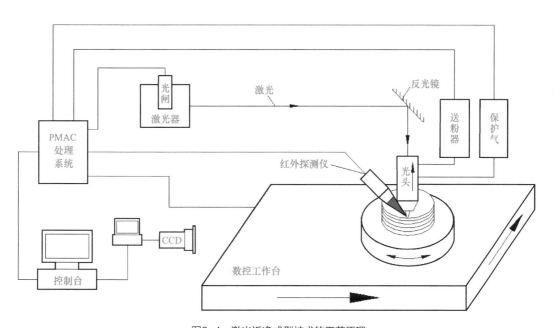

图8-4　激光近净成型技术的工艺原理

粉末的喷出方式可分为单侧送粉和同轴送粉两种类型，其原理如图8-5所示。单侧送粉方式，作为传统送粉方式因其操作简单使用较为广范，但其局限性在于送粉聚中性不好，加工方向单一，不易控制激光束，与送给粉末的重合作用区容易出现偏离。在激光熔覆过程中不易保证质量，一般粉末利用率偏低，同时送粉器的侧向结构影响加工时的方便性、灵活性。同轴送粉喷嘴明显可以克服单侧送粉的这些缺点，在应用中更灵活，可达到更好的熔覆效果。

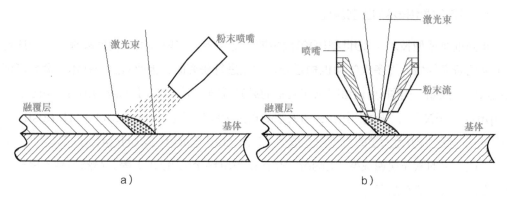

图8-5　单侧送粉和同轴送粉原理图

a）单侧送粉原理图　b）同轴送粉原理图

2．LENS成型技术的工艺特点

LENS成型技术的工艺优点：

1）能够直接制造致密的金属零件，其硬度、强度、疲劳强度等力学性能较高，与相同材料的轧制件相近。

2）材料适应性强，可以加工铁、铝、钛、镍等多种金属粉末及其混合粉末，能够通过改变粉末的成分制造功能梯度材料。

3）材料与激光相互作用时快速熔化和凝固，使其可以得到常规加工方法下无法得到的组织，如高度细化的晶粒、晶内亚结构、高度过饱和固溶体等。

LENS成型技术工艺的不足之处：

"近似净形"（0.2～0.5mm过量构建），需要精加工。

3．LENS成型技术的工艺过程

利用CAD软件生成零件CAD模型，再将模型通过成型控制软件以一定间距分层，形成一系列二维形状平行切片，然后根据各层切片轮廓设计出合理的实际成形激光扫描填充路径，并生成CNC运动指令。在指令控制下，在气氛可控的保护箱（防止氧化）中进行激光熔覆，将送料器输送的金属原料与基体熔化，冶金结合，逐点填充熔覆出与切片厚度相同的各特定二维形状沉积层，每层熔覆完成后，激光头都相对工作台提升一定高度，重复这一过程逐层堆积成型出预期目标形状三维实体金属零件，如图8-6所示。

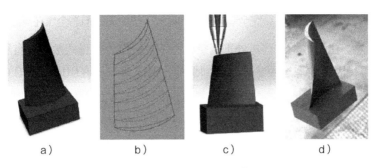

图8-6　激光近净成型技术工艺过程

a）CAD建模　b）切片分层　c）沉积成型　d）三维零件

小思考

激光选区熔化成型技术和激光近净成型技术都是利用激光直接成型金属零件，两者之间有哪些区别，在实际应用中如何选择？

8.3　电子束选区熔化成型技术

1. EBSM成型技术的工艺原理

电子束选区熔化成型技术的工艺原理如图8-7所示。在真空室内，电子束在偏转线圈驱动下按CAD/CAM规划的路径扫描。熔化预先铺层的金属粉末，完成一个层面的扫描后，工作箱下降一个层高。铺粉器重新铺放一层粉末，电子束再次扫描熔化。如此反复进行，层层堆积，直接成型制造出需要的零件。

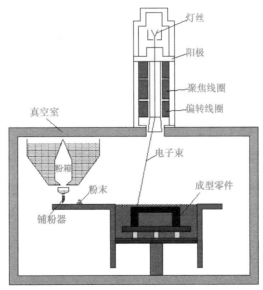

图8-7　电子束选区熔化成型技术工艺原理图

2. EBSM成型技术的工艺特点

EBSM成型技术的工艺优点：

1）成型过程不消耗保护气体，完全隔离外界的环境干扰，无需担心金属在高温下的氧化问题。

2）无需预热。由于成型过程是处于真空状态下进行的，热量的散失只有靠辐射完成，对流不起任何作用，因而成型过程热量能得到保持，温度常维持在600～700℃，没有预热装置，却能实现预热的功能。

3）力学性能好。成型件组织非常致密，可达到100%的相对密度。由于成型过程中在真空下进行，成型件内部一般不存在气孔，成型件内部组织呈快速凝固形貌，力学性能甚至比锻压成型试件都要好。

4）由于在真空环境中成型，成型件没有其他杂质，原汁原味地保持着原始的粉末成分，这是其他快速成型技术难以做到的（如在SLM中，即使采用充氩气保护，仍有可能因成型室气密性不强或保护气纯度不够引进新的杂质）。

5）电子束能够极其微细地聚焦，甚至能聚焦到0.1μm。所以加工面积可以很小，是一种精密微细的加工方法。

6）成型过程一般不需要额外添加支撑。

EBSM成型技术的不足之处：

1）成型前需长时间抽真空，便得成型准备时间很长；且抽真空消耗相当多电能，总机功耗中，抽真空占去了大部分功耗。

2）成型完毕后，由于不能打开真空室，热量只能通过辐射散失，降温时间相当漫长，降低了成型效率。

3）需要一套专用设备和真空系统，价格较高。

3．EBSM成型技术的工艺过程

EBSM成型技术的工艺过程与SLM成型技术的工艺过程类似，只是热源不同，EBSM是高能电子束根据零件的数字三维文件，选择性地熔化金属粉末层，逐层加工生成金属实体的成形工艺，如图8-8所示。具体工艺过程如下：

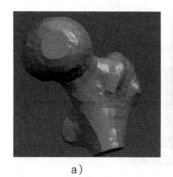

a)　　　　　　　　　　b)　　　　　　　　　　c)

图8-8　EBSM成型技术从数字模型到金属零件

a）数字模型　b）成型过程　c）金属零件

1）用CAD建模软件设计或者扫描获取零件的三维文件（如STL格式文件）。

2）用分层软件将数字三维文件分为设定层厚的文件层片，格式为CLI（Common Layer Interface），分层文件中包含着填充线的间距，电子束扫描轨迹等信息。

3）金属零件成型。成型过程如图8-9。在成型过程中，控制软件读取CLI文件，并将CLI文件中每层零件的截面信息转换为控制电子束偏转和聚焦的电信号，经过功率放大后控制电子束的偏转和聚焦，选择性地熔化成型平台上的金属粉末。逐层扫描熔化金属粉末，熔化区域的粉末颗粒间形成冶金结合。

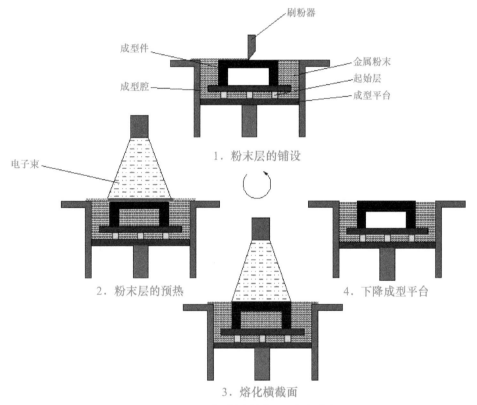

图8-9　EBSM成型技术的金属零件成型过程

4）在成型结束后，等待成型室温度降低到金属材料不会被氧化的温度，打开真空室，取出零件。将零件上附着的金属粉末去除，即可得到成型的金属零件。

8.4　电子束熔丝沉积成型技术

1. 电子束熔丝沉积成型技术的工艺原理

电子束熔丝成型技术是基于"离散—堆积"原理发展起来的一种高效率金属结构直接制造技术，其工作原理是：在真空成型环境中，利用具有高能量的电子束作为热源，将送进的金属丝材熔化，按照规划好的成型路径，逐点逐层堆积，直至成型出近净成型的金属零件。电子束熔丝沉积成型技术的基本原理如图8-10所示。

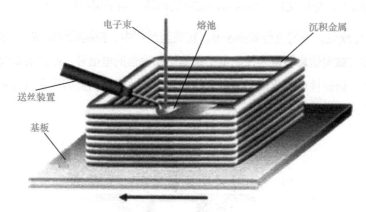

图8-10　电子束熔丝沉积成型技术的工艺原理图

2．电子束熔丝沉积成型技术的工艺特点

电子束熔丝沉积成型技术的优点：

1）原材料仅使用线（丝）材，价格大大低于粉材，且100%进入熔池。

2）超高速的金属沉积速率，成型速度快。

3）可打印大部分包括熔点很高的合金材料，完全致密，力学性能接近或等效于锻件性能。

4）可打印超大型以及巨型非标零部件，目前最长达7.2m。

电子束熔丝沉积成型技术的缺点：

1）构建完成的工件表面公差裕量在2~3mm，达到"近净型"形态，需要CNC数控机床完成精加工及表面抛光。

2）需要一套专用设备和真空系统，价格较高。

3．电子束熔丝沉积成型技术的工艺过程

电子束熔丝沉积成型技术的工艺过程如图8-11所示，具体如下：

1）建立CAD三维模型。

2）使用专用切片软件进行切片。规划层厚、行走路径和速度、送丝速度等参数。

3）近成型。使用电子束发生器作为能量源，在真空环境下通过电子束融化金属线材在工件表面形成熔池，随着熔池在工件表面的移动，离开热源的熔池快速冷却结晶固化，达到零件"近净型"形态。

4）将工件进行热处理以消除内部扭曲应力。

5）将工件通过CNC数控机床完成精加工及表面抛光。

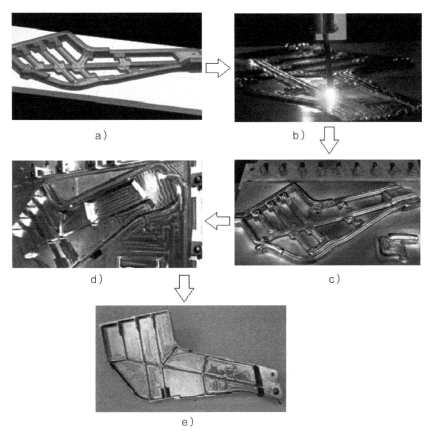

图8-11 电子束熔丝沉积成型技术的工艺流程图

a）绘制CAD三维模型及切片分层　b）逐层沉积　c）近终成型部件　d）打磨/热处理加工　e）最终部件

比较一下电子束熔丝沉积成型技术和激光近净成型技术，说一说这两种技术的相同之处和不同之处。

8.5　电弧熔丝沉积成型技术

1．电弧熔丝沉积成型技术的工艺原理

电弧熔丝沉积成型技术也是根据离散、堆积制造思想，与电子束熔丝沉积成型技术类似，只是热源和成型条件不同。电弧熔丝沉积成型技术是以电弧作为成型热源将金属丝材熔化，按设定的成型路径堆积每一层片，采用逐层堆积的方式形成所需的三维实体零件。成型工艺原理如图8-12所示。电弧熔丝沉积成型技术打印铝、不锈钢、铜、碳钢等金属丝

材时由于电弧成型喷嘴本身就有氩气保护无需专门保护腔，但是打印钛及其合金等金属丝材时还是需要氩气或者其他气体保护腔（钛合金难熔且化学活性高，在熔融状态下能与大部分的耐火材料和气体发生反应）。

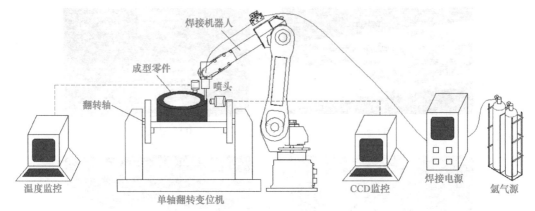

图8-12　电弧熔丝沉积成型技术工艺原理图

2．电弧熔丝沉积成型技术的工艺特点

电弧熔丝沉积成型技术的优点：

1）直接从CAD模型制得成型件，可以成型各种形状的复杂件，制造成本低，加工周期短。

2）电弧增材制造技术成型的零件由金属熔滴沉积而成，化学成分均匀、致密度高，具有强度高、韧性好等优点。

3）与其他几种金属3D打印技术相比具有设备成本低，生产运行费用低，设备维护简单的优点。

4）在生产形状复杂单件或小批量零件时，具有经济、快速的优点，从而可以使产品迅速更新换代，以适应市场变化的需求。

5）丝材利用率接近百分之百，节约了成本，尤其对于比较贵重的合金材料非常必要。

电弧熔丝沉积成型技术的不足之处：

1）成型工艺需要改进。成型过程中材料以高温液态熔滴金属过渡的方式堆积，成型件的表面质量和精度不容易控制，成型件的表面光洁度、尺寸精度相对较差。重复的不均匀加热和冷却，内部应力和应变非常复杂，不但影响成型件的力学性能和成型精度，甚至可能导致零件的失真乃至开裂。因此，优化加工工艺，保障表面质量和尺寸精度就成为熔焊3D打印技术必须要解决的一个问题。

2）成型系统有待优化。熔焊3D打印技术是复杂的机电一体化体系，要求电源工作稳定，夹持牢靠，送丝均匀，三维运动协调机构与焊枪的运动协调一致，从而满足成型系统稳定、高效、柔性的要求。目前的成型系统在材料堆积过程只能采用开环或半闭环控制，不具备闭环控制功能，所以控制精度和可靠性不高，成型过程中高热、高亮的工作环境又制约了视觉传感器的使用，故而焊接过程的实时控制难以实现。

3）成型材料成型性能需要进一步提高。熔焊3D打印技术是为了制造复杂、功能性的原型金属件，所选择的材料必须满足其使用性能和成型工艺的要求。目前，对熔焊3D打印材料的研究较少，研究内容大多局限于材料的焊接性能上，而对有关材料成型性能缺乏系统的研究。不同成型工艺、成型件的结构、性能都需要有不同的成型材料，反之，成型材料也决定了成型件的性能，因此成型材料的进一步开发也是个亟待解决的问题。

3．电弧熔丝沉积成型技术的工艺过程

电弧熔丝沉积成型技术的工艺过程与电子束熔丝沉积成型技术的工艺过程基本一致，具体如下：

1）建立CAD三维模型。

2）使用专用切片软件进行切片。规划层厚、行走路径和速度、送丝速度等参数。

3）近净成型。使用电弧作为能量源，通过电弧融化金属线材在工件表面形成熔池，随着熔池在工件表面的移动，离开热源的熔池冷却结晶固化，达到零件"近净型"形态。

4）将工件进行热处理以消除内部应力、改善金属组织结构。

5）最后通过CNC数控机床完成工件精加工及表面抛光。

你如何看待电弧熔丝沉积成型技术，有潜力吗？

8.6 金属3D直接打印成型材料

金属3D直接打印成型技术对高性能金属材料（包括稀有金属材料）而言，是一种极为有利的加工制造技术。相较于材料去除（或变形）的传统加工和常见的特种加工技术，基于材料增加的金属3D直接打印成型技术有着极高的材料利用率。当前金属3D直接打印成型技术的金属材料主要集中在钛合金、高温合金、高强钢以及铝合金等材料体系。

1．黑色金属

（1）不锈钢

不锈钢是最廉价的金属3D直接打印成型材料，经3D打印出的高强度不锈钢制品表面略显粗糙，且存在麻点。不锈钢具有各种不同的光面和磨砂面，常被用作工艺品、功能构件和中小型雕塑等的3D打印。

（2）高温合金

高温合金主要应用于航空航天，因其强度高、化学性质稳定、不易成型加工和传统加工工艺成本高等因素，利用金属3D直接打印成型技术来实现成型具有明显的优势。随着3D打印技术的长期研究和进一步发展，金属3D打印高温合金因其加工工时少和成本低的优势将得到更广泛应用。

2．有色金属

（1）铝及其合金

铝及铝合金因其质轻、强度高的优越性能，在制造业的轻量化需求中得到了大量应用。目前，应用于金属3D打印的铝合金主要有AlSi12和AlSi10Mg两种。AlSi12是具有良好的热性能的轻质增材制造金属粉末，可应用于薄壁零件，如换热器或其他汽车零部件，还可以应用于航空航天及航空工业级的原型及生产零部件；硅/镁组合使铝合金具有更高的强度和硬度，使其适用于薄壁以及复杂的几何形状的零件，尤其是在具有良好的热性能和低重量场合。

（2）钛及其合金

钛合金具有强度高、密度小，机械性能好，韧性和抗蚀性能好等优点，是目前在航空航天等领域应用最广泛的一种金属3D打印材料。

随着3D打印技术的不断进步，金属3D打印材料的种类将不断丰富，性能也将不断提升。

8.7　金属3D直接打印成型技术的应用

1．金属3D打印直接成型技术在航空航天领域的应用

在航空航天领域，由于其所需产品具有形状复杂、批量小、零件规格差异大、可靠性要求高等特点，产品的定型是一个复杂而精密的过程，往往需要多次的设计、测试和改进，耗资大、耗时长。金属3D打印技术以其成型速度快、成型能力强、节约贵重金属材料的特点，在现代航空航天产品的研制与开发中具备独特的技术优势，具有良好的应用前景。图8-13所示为采用SLM技术制作的航空发动机叶片；图8-14所示为采用LENS技术制作的F15战斗机上的钛合金外挂架翼；图8-15所示为采用电子束熔丝沉积成型技术在F35联合攻击战斗机机翼上的应用；图8-16所示为采用EBSM技术在航空飞行器复杂结构的精密制造。

图8-13 航空发动机叶片

图8-14 F15战斗机上钛合金外挂架翼

垂尾翼前缘梁
垂尾翼后梁
VT组件
机翼襟副翼梁
垂尾翼根部肋

图8-15 F35联合攻击战斗机机翼组件（最长尺寸达7.2m）

a）

b）

图8-16 航空飞行器复杂结构精密制造（EBSM）

a）发动机尾椎 b）发动机叶轮

2．金属3D直接打印成型技术在模具制造领域的应用

金属3D打印可极大地缩短模具的开发周期，使模具设计周期跟得上产品设计周期的步伐。而在以往，由于考虑到还需要投入大量资金和时间制造新的模具，有时会选择推迟或放弃产品的设计更新。图8-17所示为采用LENS技术制作金属模具的流程；图8-18所示为采用LENS技术和传统加工技术结合制造模具；图8-19所示为采用SLM技术在各类模具制造中的实际应用。

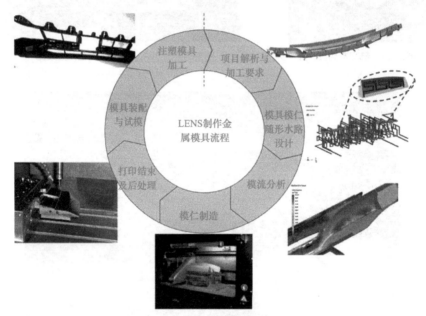

图8-17　LENS金属模具制造流程

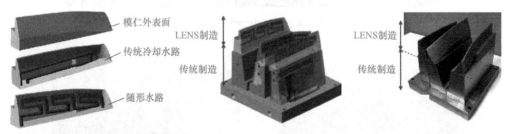

图8-18　3D打印整体模具设计：上半部分产品采用LENS技术；下半部分采用传统机加工

3D打印模芯镶件　随形水路

图8-19　某公司生产用模具部件和汽车用多型腔（16腔）模芯

金属3D直接打印成型技术可以直接烧结金属模具，包括内部的异形流道和模具外壳，如注塑模具、压铸模具、拉伸模具。突破了传统模具加工能力的限制，大幅提升最终产品（如注塑件）的生产效率与成型质量。

思考

图8-18中模具设计上半部分产品采用LENS技术，而下半部分却采用传统机加工，为什么不整体全部采用LENS技术成型？

3．金属3D直接打印成型技术在生物医疗领域的应用

使用金属3D直接打印成型技术制造的人工组织、器官、假肢、手术导板等生物医疗用品已经开始普及使用，是3D打印研究中最前沿的领域。现阶段，该领域的应用主要包括：组织工程支架和植入物打印、假体打印和手术器械打印。生物医疗3D打印的发展空间巨大源于3方面的原因：①全球医疗领域的市场需求巨大，为该项技术提供了潜在的发展空间；②生物打印技术以其快捷性、准确性见长，以其个性化制造能力与病体需求的差异性充分结合，结合传统的CT、ECT技术在人工假体、人工组织器官的制造方面产生巨大的推动效应；③生物医疗3D打印相对其他领域的3D打印更具有经济性。因此生物医疗3D打印的发展前景广阔，在3D打印领域有望率先形成成熟的赢利模式。

个性化定制是现代市场环境中迫切需要的一种新的生产模式，它更贴近于个体的独特需求。在医疗领域中患者的个体存在差异性，每一个患者身高、体重、骨骼生长形貌都存在差异性，现有标准系列化医用产品必然造成个体适配性差、患者承担风险高的问题，因此个性化定制的需求尤为突出。图8-20和图8-21所示为金属3D直接打印成型技术在骨科的应用；图8-22所示为金属3D直接打印成型技术在手术导板上的应用；图8-23所示为金属3D直接打印成型技术在齿科的应用。

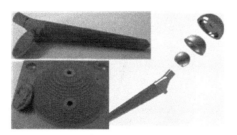

图8-20　髋臼关节

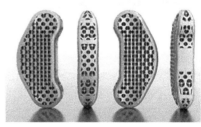

图8-21　骨骼植入体、钛板

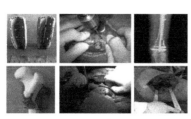

图8-22　个性化手术导板

图8-23　齿科

4. 金属3D直接打印成型技术在文化创意、玩具等领域的应用

时下的流行元素——3D打印，吸引了人们的眼球，不仅使工程师和制造商转换了视角，也赢得了大众的高度关注和广泛兴趣。3D打印技术拓展了非主流化的设计潮流，同时也彰显了新时代个性化创造的活力和潜力。金属3D打印广泛应用于文化创意、珠宝、消费品、玩具等行业。图8-24所示为rvnDSGN团队制作的手表，其中主壳体、边框和表带配件是利用3D打印技术将钛粉打印而成。图8-25所示为日本佳能公司利用3D打印技术制造的顶级单反相机壳体上具有特殊曲面的镁铝合金顶盖；图8-26所示为设计师Ross Lovegrove利用金属3D打印技术制作的18克拉黄金叶形戒指；图8-27所示为3D打印的菌丝银戒指。

图8-24 3D打印的钛手表

图8-25 3D打印的顶级单反照相机

图8-26 3D打印的叶形金戒指

图8-27 3D打印的菌丝银戒指

8.8 金属3D直接打印成型技术的发展方向

金属3D直接打印成型技术是目前最具前景的先进制造技术，在我国起步较晚，需要加大投入，组织各行业协同努力，攻克金属3D打印机中各种工艺技术难关，制造出具有我国自主

知识产权的3D打印设备，生产出各制造行业所需要的较低成本的各种3D打印金属构件，使我国3D打印产品从目前的实验室和小批量试生产走向商品化和工业规模生产。为此，目前亟待解决的问题及努力的方向是：

1）向高性价比方向努力。金属3D直接打印成型技术是对目前的机械加工技术的重要创新和补充，但价格高昂的设备阻碍了它的推广和应用，为了进入商业化规模，首先要降低3D打印设备的制造成本，朝着高性价比的方向发展。

2）成型大尺寸零件。目前，金属3D直接打印成型设备能够成型的零件尺寸范围有限，国内外3D打印设备厂家正在积极研发大尺寸零件的成型设备。因此要尽快研制出大尺寸金属3D打印装备，达到国际领先水平，推动此项技术在制造领域的应用。

3）与传统加工方法相结合。金属3D直接打印成型技术虽然具有独特的优势，但存在制造成本高、成型件表面质量欠佳等缺点。因此，若能与传统加工方法相结合，发挥二者的优势，达到传统加工方法所实现的精度和表面粗糙度，并能够制造传统加工方法无法成型的复杂形状零件，且制造周期大幅缩短，这是金属3D打印技术和设备追求的主要目标之一。

4）便携化、智能化趋势。随着机械零件的轻量化和集成化开发，未来将会出现适合轻量化、集成化的金属3D直接打印成型技术及其装备，即便携式金属3D打印设备。这种设备将成为今后人们生产和工作中的实用工具，颠覆传统制造方式。随着传感器技术的进步、控制软件的完善，3D成型加工过程将实现实时动态监测，并实时调整工艺参数，最终实现高度智能化的机械自加工，成型质量将会有很大的提高。

▶ 模块总结

　　金属3D直接打印成型技术是最具有发展潜力的3D打印技术，也是目前世界各国研发投入最多的一项3D打印技术，有关金属3D打印的技术需要认真学习。在金属3D直接打印成型模块中，主要学习了几种金属3D直接打印成型技术的工艺原理、工艺特点和工艺过程，包括激光选区熔化成型技术、激光近净成型技术、电子束选区熔化成型技术、电子束熔丝沉积成型技术和电弧熔丝沉积成型技术。这部分知识是本模块的重点内容，应该熟练掌握，并能够根据具体的金属模型要求选择合适的成型工艺。有关金属3D直接打印成型材料的相关知识除了本模块中讲述的外，还应该查阅相关的文献了解更多的内容。金属3D直接打印成型技术广泛应用于航空航天、模具制造、生物医疗、文化创意、玩具等领域。未来金属3D直接打印成型技术将会朝着高性价比、大尺寸、便携化、智能化等方向发展。

模块任务

学习完本模块的内容后，应该对几种金属3D直接打印技术有较全面的了解，下面一起来完成这个任务。

● 任务背景

刀夹具是金属切削机床上的重要组件，尤其是对于非标刀夹具领域来说特点是数量少，几何形状复杂。金属3D直接打印成型技术在刀夹具领域的应用可以说正在向纵深方向发展。著名刀具制造商玛帕公司正是通过金属3D直接打印技术创造出QTD系列刀具复杂的螺旋冷却通道，从而提高了冷却液到钻头顶部的流动过程中的热传导能力。玛帕的钻头与之前的钻头相比使用寿命更长、运转速度更快。这种内冷的刀具通常直径不能太小，在使用3D打印之前，玛帕公司最小的直径只能做到13mm，而通过3D打印技术可以制造的范围在8~32.75mm之间。需要你为玛帕公司选择一种合适的金属3D直接打印成型技术方案来制作刀具，并给出选择的理由。

● 任务组织

分组，每组5人，讨论确定选择的技术方案，结合这种成型技术的工艺过程、特点等方面来说明选择的依据，每组选出一名代表进行辩论，最后评选出最优的方案。任务结束后在3DMonster系统中进行总结和评价。

每组辩论时间：10min左右。时间充裕可补充论点。

课后练习与思考

1．叙述激光选区熔化成型技术和激光近净成型技术的工艺原理。

2．叙述电子束熔丝沉积成型技术和电子束选区熔化成型技术的工艺原理。

3．叙述电弧熔丝沉积成型技术的工艺原理。

4．简述激光选区熔化成型技术和激光近净成型技术的工艺特点。

5．简述电子束熔丝沉积成型技术和电子束选区熔化成型技术的工艺特点。

6．简述电弧熔丝沉积成型技术的工艺特点。

7．简述激光选区熔化成型技术和激光近净成型技术的工艺过程。

8．简述电子束熔丝沉积成型技术和电子束选区熔化成型技术的工艺过程。

9．简述金属3D直接打印成型材料的主要类型和特点。

10．金属3D直接打印成型技术主要应用在哪些领域，举例说明。

11．谈一谈你对金属3D直接打印成型技术未来发展趋势的看法。

12．分组在网上搜集更多关于金属3D直接打印成型技术的资料，整理成报告向全班同学做汇报。

第三部分

PART 3

3D打印机的类型

模块9　熔融沉积成型3D打印机

学习目标

- 了解FDM 3D打印机的组成。
- 熟悉FDM 3D打印机的制作。
- 掌握FDM 3D打印机的常用操作。
- 熟悉FDM 3D打印机的常见故障。

看一看

如果有一台3D打印机可以折叠起来，放进背包里，出门时带在身上，是不是很不错呢？

是的，图9-1中的两款都是体积小巧、可以折叠携带的3D打印机，设计简单，而且使用也很方便。利用折叠的设计，可以放在包里随时随地使用，在实用性上提高不少。下面就一起来学习有关FDM 3D打印机的知识。

图9-1　可以折叠携带的3D打印机

内容预热

3D打印技术，特别是面向普通用户的桌面级3D打印技术，在最近几年得到了快速发展。DIY爱好者可以利用3D打印机，自己设计、改进机械零件，并把自己的设计快速、低成本地制造出来，这极大地提高了DIY爱好者的创造力。随着桌面级3D打印机技术的普及，对于DIY爱好者来说，拥有一台自己的3D打印机，已经逐渐从一个奢侈的梦想变成了一项基础工具。作为一名DIY爱好者，如果你现在还没有拥有一台属于自己的3D打印机，是不是有些落伍呢？

虽然市面上已经可以买到多个品牌的3D打印机，但动辄上万的售价，还是会让很多DIY爱好者望而却步。实际上，如果你想购买的是一台FDM（熔融沉积制造）工艺的3D打印机，花费上万元进行购置，实在是有些不值得。因为到目前为止，所有的FDM工艺3D打印机，不管是开源设计，还是商业产品，都源自2005年RepRap.org组织的一个开源软件、硬件计划。这个计划，旨在制造一台能够"自复制"的3D打印机。

所谓"自复制"开源3D打印机，就是整台3D打印机，不需要昂贵复杂的定制零件，全部采用3D打印塑料零件加上工业标准零件的方法，允许并鼓励DIY用户自行搭建、复制并进一步改进。因此，如果你的动手能力比较强，又感觉市面上的3D打印机过于昂贵，或是自己除了想使用3D打印机之外，还想做进一步的改进，那么你完全可以根据RepRap的开源图纸，自行搭建一台完全属于你自己的3D打印机。你会不会担心，这样一台3D打印机是否真的能用？打印效果又如何呢？其实只要是FDM工艺的3D打印机，都具有类似的功能和精度。本模块将系统学习FDM 3D打印机的组成、制作、操作及常见故障排除的相关知识。

▶ 核心知识

9.1 FDM 3D打印机系统的组成

FDM成型系统可以划分为几个子系统，包括机械系统、软件系统、控制系统、计算机硬件与软件以及成型材料（成型材料已经在模块3中做了详细的介绍）。FDM的系统框架如图9-2所示。其中机械系统包括整体框架、三轴运动系统、送丝系统。整体框架用来支撑零部件的安装；三轴运动系统用于实现XYZ方向上的三轴直线运动，喷头相对热床的精确定位，为成型提供空间上的可能；送丝系统用于完成丝状材料向喷头的顺畅进给。软件系统用于实现模型分层处理以及控制运动的G代码的生成，同时可进行成型工艺参数的处理。控制系统实现对三轴运动、喷头挤丝、喷头加热、热床加热的整体协调控制。计算机用于实现用户与成型系统之间传递、交互信息的媒介和对话接口，在该系统中主要实现用户对该成型系统的操作。

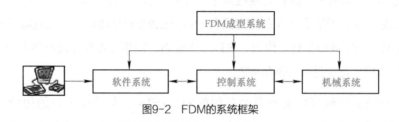

图9-2　FDM的系统框架

1. 机械系统

FDM 3D打印机，其机械系统主要包含3个子系统，分别为三轴运动系统、喷头系统以及支撑框架。机械系统的组成框架如图9-3所示。

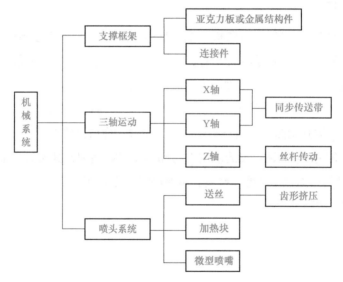

图9-3　FDM机械系统的组成框架

图9-4所示为设计完成后某型号FDM 3D打印机的外观图，图9-5所示为三轴运动系统，图9-6所示为喷头系统。喷头在两个步进电机的带动下通过同步带传动可以实现高温喷头沿着直线光轴做X-Y方向的联动，工作台（热床）在一个步进电机的驱动下，通过丝杆传动将电机轴的旋转运动转换成整个工作台支架沿着直线光轴在Z方向上的直线运动。送丝装置采用齿形挤出机构，将丝状耗材挤入加热块，熔融后经过高精度的黄铜喷嘴喷涂在工作台面上。框架支撑结构由亚克力板、铝型材以及标准连接件构成。

图9-4　FDM 3D打印机外观

图9-5　FDM 3D打印机三轴运动系统

图9-6　FDM 3D打印机喷头系统

小思考

　　FDM 3D打印机机械系统虽然都由三轴运动系统、喷头系统以及支撑框架组成，但是形式并不单一，有三角洲式、龙门式、悬臂式、折叠式、四方体等多种结构类型。上网收集相关资料，大家一起分享这几种结构形式各自的特点。

2. 控制系统

　　FDM 3D打印机机械框架虽然大不相同，但是各项目采用的机电架构几乎是一致的，按控制系统功能可分为位置控制系统模块、送丝控制系统模块、温度控制系统模块。

（1）位置控制系统模块

　　位置控制系统是FDM控制系统的重要组成部分，一般由电机、驱动电路、位移检测装置、机械传动装置和执行部件等部分构成。该控制系统的作用是：接收数控系统发送的位移大小、位移方向、速度和加速度指令信号，由驱动电路做一定的转换与放大后，经电机和机械传动装置，驱动设备上的工作台、主轴等部件实现打印工作。根据FDM成型原理和精度要求，位置控制系统必须满足调速范围广、位移精度高、稳定性好、动态响应快、反向死区小、能频繁启停和正反运动的要求。

（2）送丝控制系统模块

　　在直流电机的驱动下，两个驱动轮与丝材之间的摩擦力带动丝材进入喷头。两驱动轮之间的距离可以在一定范围内进行调整，距离调整得越小，驱动轮与丝材之间的摩擦力就越大，所需要的驱动力也就越大。根据FDM成型工艺的特点，送丝机构必须要提供足够大的驱动力，以克服高黏度熔融丝材通过喷嘴的流动阻力，而且要求送丝平稳可靠，因而选用大功率直流电机作为驱动装置。送丝速度需要根据工艺要求进行调节，与填充速度相匹配，因此送丝控制系统必须能实时对直流电机进行调节。

（3）温度控制系统模块

FDM设备对温度的要求非常严格，需要控制3个温度参数，分别是喷头温度、工作台温度和成型室温度。成型材料的堆积性能、黏结性能、丝材流量和挤出丝宽度都与喷头温度有直接关系。工作台温度和成型室温度会影响成型件的热应力大小，温度太低，从喷头挤出的丝材急剧变冷会使得成型件热应力增加，这样容易引起零件翘曲变形；温度过高，成型件热应力会减小，但零件表面容易起皱。因此，工作台温度和成型室温度必须控制在一定的范围内。

3D打印机机电部分所用到的模块大部分都是通用电子部件，例如直流电机、加热喷嘴、电源等，唯一比较特殊的部件是3D打印机的"大脑"——主板和微处理器构成的控制器，这部分技术相对比较复杂、门槛较高，一般DIY玩家很难自行设计，但是好在这部分模块已经有许多成熟的开源项目支持，目前广泛应用的有Melzi、Teensylu、STB_Electrioics等。其中，Melzi是基于Arduino Leonardo开发的以量产为目的的一体化3D打印机控制板，作为开源项目，硬件原理图和固件源代码都可以自由下载，有兴趣的读者可以浏览相关的开源网站。对于专业的DIY爱好者，还可以在开源代码的基础上进行进一步的升级扩展。开源主板项目Melzi的设计图，如图9-7所示。

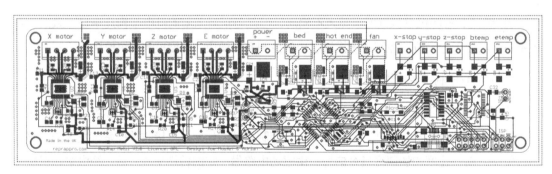

图9-7　开源主板项目Melzi的设计图

3. 软件系统

FDM 3D打印机软件系统可分成3大部分：成型系统的运动控制，三维模型数据处理和成型工艺的数据处理，主要包括7个模块：文件输入/输出模块、视图模块、手动控制模块、模型编辑模块、数据修复模块、模型切片模块和模型加工模块。软件系统的组织框架如图9-8所示。

在三维模型零件的数据处理阶段，模型零件三维数据的获取主要有3种途径：应用三维设计软件（SolidWorks、Pro/ENGINEER、UG等）人工建模生成三维模型、利用三维反求设备对实物进行三维扫描获得反求数据而生成三维模型、拟合计算机断层扫描（CT）或核磁共振（MRI）所获得的层片数据，叠层而成三维模型。

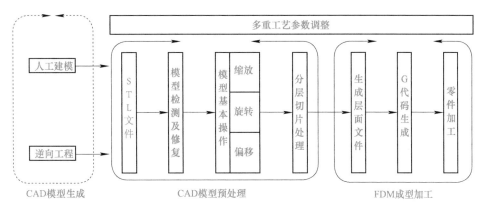

图9-8 FDM设备软件系统图

对于已设计的的三维模型零件,将其转化为成型系统能处理的数据格式,并导入所设计的打印控制软件,将模型以合适的方位、角度摆放到成型台面上,输入一定的层厚,利用切片模块对摆放到位的模型进行切片处理,生成控制代码。输入合适的加工参数,便可应用软件的打印功能模块将其打印成形。FDM成型系统的切片软件界面如图9-9所示。

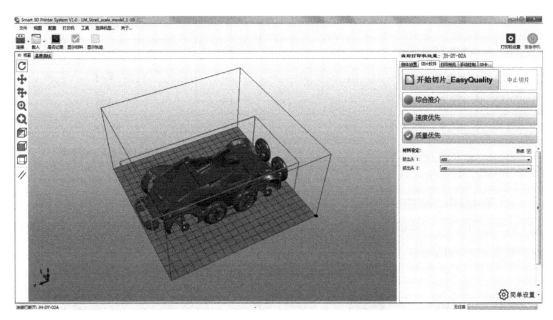

图9-9 FDM切片软件界面图

9.2 FDM 3D打印机制作

以图9-4所示的3D打印机为例,来介绍一台3D打印机的制作过程,本模块中的打印机是根据300mm×300mm×250mm的打印尺寸进行设计的,不同打印尺寸的3D打印机器整体设计和零部件选型不尽相同。

1．机械部分制作

（1）开式3D打印机

1）组装整体框架，如图9-10所示。需要准备的材料见表9-1。按表9-1中的材料组装即可完成框架的制作。立柱、横梁的尺寸是由打印尺寸决定的，比如框架尺寸600mm×450mm×450mm可以打印最大尺寸300mm×300mm×260mm的模型。

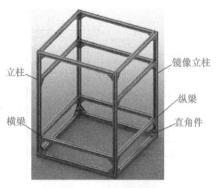

立柱　镜像立柱　纵梁　横梁　直角件

图9-10　整体框架图

表9-1　整体框架材料

序 号	名 称	数量/个	材 料
1	立柱	2	铝型材
2	镜像立柱	2	铝型材
3	横梁	7	铝型材
4	纵梁	8	铝型材
5	M5 T型螺母	60	20系列
6	直角件20系列	30	铝材
7	标准型弹性垫圈	18	M6
8	内六角平圆头螺钉	18	M6×25
9	内六角平圆头螺钉	60	M5×10（配平垫和垫圈）

2）X轴组件，如图9-11所示。需要准备的材料见表9-2。按表9-2中的材料组装即可完成X轴组件的制作。X轴组件中包含的X轴电机部件、打印头部件和X轴从动轮部件，材料明细分别见表9-3～表9-5。

图9-11　X轴组件图

表9-2　X轴组件材料

序　号	名　　称	数量/个	材　　料	备　　注
1	打印头部件	1	表9-4	
2	X轴从动轮部件	1	表9-5	
3	X轴电机部件	1	表9-3	
4	打印头罩壳	1	塑料件	ABS打印
5	打印头固定架	1	铝件	可ABS打印
6	X轴皮带连接板	1	铝件	可ABS打印
7	XY轴同步带连接扣	3	铝件	可ABS打印
8	X轴导轨支架	1	角铝	
9	X轴皮带	1	2GT	
10	送丝从动轮	1	凹槽轴承4mm×13mm×4mm	
11	风扇25mm×25mm×10mm	1	24V 0.12A	
12	微动开关	1	KW12-1	
13	E轴步进电机_齿轮轴	1	35电机及齿轮轴	
14	X轴导轨副	1	直线导轨及滑块	
15	防松螺母	1	M5	
16	六角螺母	2	M3	
17	内六角圆柱头螺钉	3	M3×10（配弹垫和垫片）	
18	内六角圆柱头螺钉	9	M3×6	
19	内六角圆柱头螺钉	4	M3×8	
20	十字槽沉头螺钉	4	M3×6	
21	十字槽沉头螺钉	2	M3×10	
22	十字槽盘头自攻螺钉	1	ST2.9×16	
23	十字槽盘头螺钉	2	M2×10	
24	十字槽盘头螺钉	2	M3×20	
25	十字槽盘头螺钉	1	M3×12	
26	十字槽盘头螺钉	3	M3×8	

表9-3　X轴电机部件材料

序　号	名　　称	数量/个	材　料	备　注
1	X42步进电机	1		
2	XY同步带轮	1	铝件	
3	X轴电机座	1	铝件	
4	拖链安装架	1	铝件	可ABS打印
5	弧形线夹	1	外购件	
6	十字槽沉头螺钉	4	M3×6	
7	十字槽沉头螺钉	1	M3×10	
8	内六角平端紧定螺钉	2	M4×5	
9	内六角圆柱头螺钉	2	M3×6	

表9-4　打印头部件材料

序　号	名　　称	数量/个	材　料	备　注
1	齿轮压配	1	45号钢	
2	轴	1	45号钢	
3	齿轮安装座	1	铝件	可ABS打印
4	阻热管	1	PEEK	
5	压板	1	铝件	可PLA打印
6	加热喷嘴	1	黄铜	
7	加热电阻	1	12V 50W	
8	热敏电阻	1	100kΩ	
9	法兰轴承	2	3mm×7mm×2.5mm	
10	超薄垫圈	2	3mm×5mm×0.3mm	
11	四氟乙烯管	1	2mm×4mm×17.2mm	
12	十字槽盘头螺钉	2	M3×5	
13	内六角平端紧定螺钉	3	M4×5	
14	十字槽盘头螺钉	1	M2×10	

表9-5　X轴从动轮部件材料

序　号	名　　称	数量/个	材　料	备　注
1	XY从动轮	1	铝件	
2	深沟球轴承	2	5mm×8mm×2.5mm	
3	从动轮挡套	2	铝件	可ABS打印
4	内六角圆柱头螺钉	1	M5×25	

3）Y轴组件，如图9-12所示。需要准备的材料见表9-6。按表9-6中的材料组装即可完成Y轴组件的制作。

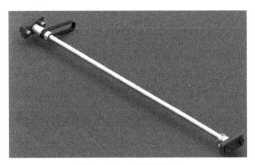

图9-12 Y轴组件图

表9-6 Y轴组件材料

序 号	名 称	数量/个	材 料	备 注
1	Y轴传动轮	3	铝件	
2	Y轴导轨固定座	2	铝件	可ABS打印
3	Y轴传动挡套	2	铝件	可ABS打印
4	Y轴传动轴	1	45号钢	
5	M4 T型螺母	4	20系列	
6	Y轴环形同步带	1	60MXL宽6	
7	深沟球轴承	2	8mm×6mm×15mm	
8	内六角圆柱头螺钉	4	M4×15（配弹垫和平垫）	
9	内六角平端紧定螺钉	6	M4×4	

4）Z轴组件，如图9-13所示。需要准备的材料见表9-7。按表9-7中的材料组装即可完成Z轴组件的制作。

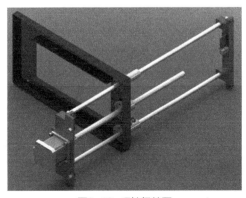

图9-13 Z轴组件图

表9-7　Z轴组件材料

序号	名称	数量/个	材料	备注
1	Z轴橡胶垫	1	橡胶	
2	断丝检测微动开关架	1	铝件	可PLA打印
3	打印平台支撑	1	铝件	
4	Z轴导轨连接座（上）	1	铝件	可ABS打印
5	Z轴导轨连接座（下）	1	铝件	可ABS打印
6	法兰直线轴承	2	内径10长度55	
7	微动开关	1	KW11	
8	R型线卡	1	内径6.4	
9	平行切缝联轴器	1	D6.35-8，长30外径25	
10	M5 T型螺母	6	20系列	
11	导丝管	1	4-6-15，聚四氟乙烯	
12	Z57步进电机	1		
13	Z轴导柱	2	45号钢	
14	滚珠丝杠螺母副	1		
15	内六角圆柱头螺钉	2	M3×8（配弹垫和垫片）	
16	十字槽盘头螺钉	2	M2×10	
17	内六角圆柱头螺钉	4	M4×20	
18	六角螺母	12	M4	
19	标准型弹性垫圈	12	M4	
20	平垫圈	12	M4	
21	内六角圆柱头螺钉	8	M4×12	
22	内六角圆柱头螺钉	2	M5×12（配平垫和垫圈）	
23	内六角圆柱头螺钉	4	M5×18（配平垫和垫圈）	
24	滚花薄螺母	1	M4	
25	滚花高头螺钉	1	M4×25	
26	内六角平端紧定螺钉	4	M4×5	

5）其他部件。完成主体框架、X轴、Y轴、Z轴部件安装后，再把台面部件、显示屏部件、主板安装部件、丝盘安装部件和底板部件等安装上就可以完成一台开式3D打印机机械结构的制作，如图9-14所示。

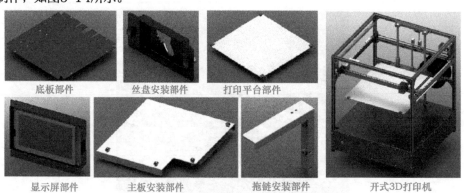

底板部件　　　丝盘安装部件　　　打印平台部件

显示屏部件　　　主板安装部件　　　拖链安装部件　　　开式3D打印机

图9-14　其他部件及开式3D打印机整机图

（2）闭式3D打印机

近几年开放式桌面3D打印机正逐渐被封闭式桌面3D打印机所取代，这主要是从功能性、安全性、美观性、环保性（打印ABS会有一定的刺激性气味）等多方面考虑的，开式3D打印机加封板后就变成闭式3D打印机了，如图9-4所示。

2．控制电路部分制作

（1）电子部件

现在国内已经有许多厂商根据开源的设计来生成控制板，在一些电子商务网站上可以找到很多种可用的控制板。有了这些基础部件的支持，便可以抛开制作控制电路板的难题而专注于整个系统的开发和创意的实现。通常开源主板主要包括以下部件：

1）处理器。

2）全部螺钉拧紧式接插件（无需焊接）。

3）TF插槽，用于读取G代码。

4）Mini USB接口。

5）4组步进电机驱动。

6）3组MOSFET用于驱动挤出头、热床和风扇。

图9-15所示的为某品牌的DIY 3D打印机主板。此主板右下角还预留有若干扩展接口，通过这些扩展接口可以实现更多功能。

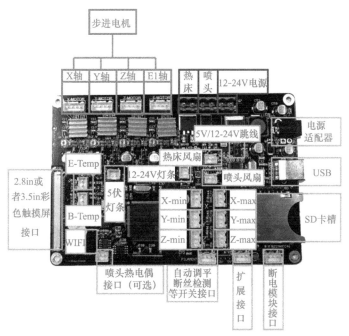

图9-15　某品牌的DIY 3D打印机主板实体图

（2）电路连接

依据图9-16所示的接线图，按照合适的线路规划即可完成电路连接。

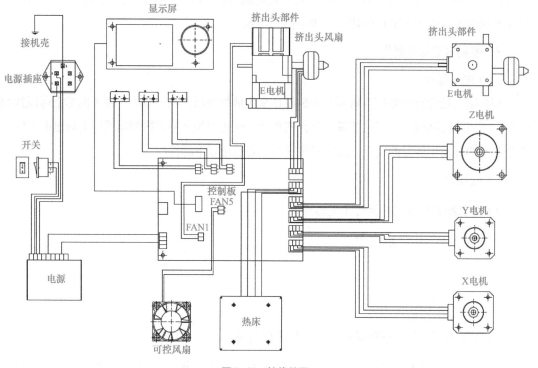

图9-16　接线总图

3. 安装驱动程序并打印测试

设备终于组装完成，激动人心的时刻就要到来，即将见证神奇的3D打印机如何制造一件物品。但是在之前，为了要能控制刚组装好的3D打印机，还需要为计算机安装驱动程序。首先为3D打印机通电，然后通过USB连接线将主板与计算机连接。通常是使用FT232串口转USB芯片，在插上USB线并通电后，主板上的红色LED灯会开始闪烁，这说明主板已经开始工作。

此时，操作系统将会开始安装FT232驱动程序和虚拟串口驱动程序，如果自动安装不成功，则可以手动安装。在Windows操作系统中的安装过程如下：

1）打开计算机的"设备管理器"。

2）找到未识别的带"？"号的FT232设备，单击鼠标右键，在弹出的快捷菜单中选择"更新驱动程序"→"浏览计算机以查找驱动程序软件"命令。

3）浏览并选择驱动程序所在的文件夹（如果完全是开源的则可以在相应的开源网站下载免费的驱动程序）。

4）单击"下一步"按钮，开始安装。安装完成后会有提示。如果设备管理器中还有带"？"号的USB Serial Port设备，则用同样的方法安装驱动程序。直到出现正确安装的USB Serial Port设备，并记住COM端口号。

5）启动控制软件，并通过刚获得的端口号连接启动打印机。

控制软件成功连接3D打印机后，正常情况下便可以打开三维模型进行打印了。但如果所使用的控制板还没有烧录固件，则还需要为其烧录该机型适用的固件。

烧录固件的一般步骤如下：

1）下载并安装Arduino程序，此过程十分简单，就不做说明了。

2）打开Arduino，选择File→Open命令，打开固件的工程文件。

3）选择控制板类型，如图9-17所示。

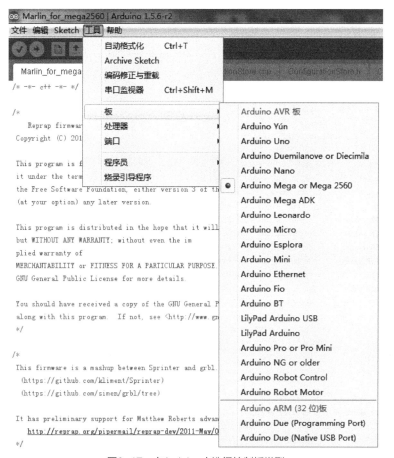

图9-17　在Arduino中选择控制板类型

4）选择串口，Windows操作系统下选择前面设备管理器中USB Serial Port对应的串口号，如图9-18所示。

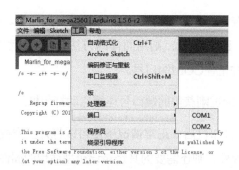

图9-18　在Arduino中选择串口号

5）单击验证，验证结束后单击上传，成功后出现上传成功提示，如图9-19所示。

```
//#define DISABLE_MAX_ENDSTOPS

// For Inverting Stepper Enable Pins (Active Low) use 0, Non Inverting (Active High) use 1
#define X_ENABLE_ON 0
#define Y_ENABLE_ON 0
#define Z_ENABLE_ON 0
#define E_ENABLE_ON 0 // For all extruders

// Disables axis when it's not being used.
#define DISABLE_X false
#define DISABLE_Y false
#define DISABLE_Z false
#define DISABLE_E false // For all extruders

#define INVERT_X_DIR false    // for Mendel set to false, for Orca set to true
#define INVERT_Y_DIR false    // for Mendel set to true, for Orca set to false
#define INVERT_Z_DIR false     // for Mendel set to false, for Orca set to true
#define INVERT_E0_DIR false   // for direct drive extruder v9 set to true, for geared extruder set to false
#define INVERT_E1_DIR false   // for direct drive extruder v9 set to true, for geared extruder set to false
#define INVERT_E2_DIR false   // for direct drive extruder v9 set to true, for geared extruder set to false

// ENDSTOP SETTINGS:
// Sets direction of endstops when homing; 1=MAX, -1=MIN
#define X_HOME_DIR -1
#define Y_HOME_DIR -1
#define Z_HOME_DIR -1

#define min_software_endstops true //If true, axis won't move to coordinates less than HOME_POS.
#define max_software_endstops true  //If true, axis won't move to coordinates greater than the defined lengths below.
// Travel limits after homing
#define X_MAX_POS 205
#define X_MIN_POS 0
```

上传成功。

图9-19　在Arduino中上传成功界面

一切准备工作完成后，便可以启动控制软件（如ReplicatorG等），连接设备成功后，打开设计的模型文件，单击"打印"按钮，就可以将模型文件一点一点地变成现实物品了，3D打印机也就制作成功了。

9.3　FDM 3D打印机常用操作

不同厂家、不同型号的3D打印机操作都不完全一样，这里仅向大家介绍几点常用的操作。

1．打印丝的安装与更换

一般新的机器会有一段丝在导丝管内，最好的办法是首先将Z轴下降50～80mm，然后加热喷嘴到设定的温度（例如，PLA 180℃～200℃，ABS 210℃～240℃）然后进丝，大概进去50～80mm。再选择"退出丝"命令将喷头里面存留的丝吐出来（注意不要用力塞、拔以免造成卡丝），当里面存留的丝出来后再重新将新丝进入，直至挤出头均匀吐出新的熔融丝料，换丝完毕。操作都是在加热情况下进行，不加热容易损坏喷头。

2．如何把打印平台调平

首先将机器连接计算机打印软件，将X、Y、Z三轴归位后，再将喷嘴分别移至平台4个角，大概距离打印平台边缘2cm处，对平台进行调整，保证在4个位置喷嘴与平台的间距都为0.1mm左右，也就是一张纸的厚度。调整好后，再将喷嘴沿X、Y方向移动看喷嘴距离平台的效果。

3．若喷嘴完全堵死则如何清理？

首先加热到工作温度，然后把peek管和铜块分开，最后用细钢丝进行疏通和清理。但是要小心不要烫到手、不要夹断热敏电阻的引线。

小思考

除了模块中介绍的FDM 3D打印机常用的操作外，你还知道哪些有关FDM 3D打印机的操作？

9.4　FDM 3D打印机常用故障排除

1．打印开始后，熔融丝无法黏附在底板上，或一边黏附一边不黏附

可能由以下因素造成：

1）喷嘴与打印台面不平行。

解决方法：将平台调平。

2）Z轴零位过高（打印头和底板间距过大）。

解决方法：Z轴复零位，测量喷嘴与台面距离；若间距过大，则可降低Z轴限位开关高度

至合适高度，试打印，观察首层黏附情况，如仍未黏附则重复上述步骤再微调一次；如试打印时打印头喷嘴刻划台面，则为调节过量，应适量反向调节。

3）Z轴零点定位误差。

解决方法：打印前将台面原点清理干净；预热完成后再开始打印（保证喷嘴上无固态残料）。

2．无法吐丝怎么办

可能由以下因素造成：

1）挤出头温度不够。

PLA材料成型温度为180～210℃，ABS材料成型温度为210～240℃。

解决方法：检查切片设定温度是否低于最低打印温度，如低于则修改切片参数重新生成G-CODE；检查打印头是否正常加热，如有异常则需检修。

2）送料轮间隙过大或过小，导致摩擦力过小或阻力过大，电机无法驱动打印丝。

解决方法：手动将丝推入约20mm，然后顺时针旋转送丝调节螺钉1/4圈，减小送丝齿轮与冲动齿轮间隙；驱动E轴电机检验送丝力度。

3）挤出头喷嘴被杂物堵塞。

解决方法：首先预热，到达预设温度后手动退丝，然后用细钢丝穿过喷嘴，并来回抽动，直至将杂质从喷嘴中清理干净。

4）喷嘴和打印台面距离过小导致堵丝。

解决方法：按Z轴过高的解决办法反向调节。

3．打印尖顶模型收尾时模型的顶端有结团、拉丝现象

可能由以下因素造成：

1）打印速度过快，靠近尖顶时来不及冷却导致结团、拉丝。

解决方法：在打印靠近尖顶的时候降低打印速度。

2）打印温度过高，靠近尖顶时来不及冷却导致结团、拉丝。

解决方法：在不影响吐丝和打印效果的前提下适当降低切片温度5～10℃，可改善结团、拉丝现象。

4．打印过程中出现丢步现象

可能由以下因素造成：

1）打印速度过快。

解决办法：适当减低X、Y电机速度。

2）电机电流过大或者过小。

解决办法：调节电流大小。

3）皮带过松或太紧。

解决办法：调节皮带松紧至合适。

5．温度无法上升到设定值

可能原因：加热棒、加热电阻的引线与延长线之间的压接套接触不良。

解决办法：检测并确保连接点接触良好，或者更换一个加热棒进行尝试。

6．打印模型时产生很有规律的水波纹路

可能原因：Z轴丝杆不直。

解决办法：想办法把丝杆折直（较难），或是更换质量合格的丝杆。

▶ 模块总结

  FDM 3D打印机是普通用户最易入手的一种3D打印机，需要熟练掌握相关的知识。在本模块中，首先学习了FDM 3D打印机的组成，包括机械、控制、软件3大部分，并对每部分都做了详细的介绍，学习完这部分内容应该能够较全面地描述一台FDM 3D打印机。然后系统介绍了一台FDM 3D打印机的制作流程，学习完这部分内容，需要掌握一台FDM 3D打印机的设计、安装和调试。最后列举了FDM 3D打印机的一些常用操作及故障的排除，这部分知识的学习在FDM 3D打印机的实际使用过程中是十分有用的，需要学以致用。

▶ 模块任务

  本模块学完后，是不是想找一台FDM 3D打印机练手！

● **任务背景**

仔细研究实验室的FDM 3D打印机，选择其中的一个零件，最好是部件，进行重新设计，然后利用FDM 3D打印机打印出来，并用来替换机器的原装零部件替换完成后，重新进行机器的调试，进行模型的打印，检验替换后的机器性能是不是有变化。

● **任务组织**

分组，每组5人，一起讨论选择重新设计的零部件，2人进行设计和打印，2人进行零部件的更换和机器的调试，1人进行更换前、后机器性能的测试。任务结束后在3DMonster系统中进行总结和评价。

一轮任务时间：25min左右。时间充裕可轮流进行任务。

课后练习与思考

1. 叙述FDM 3D打印机的组成。

2. 简述FDM 3D打印机控制部分的组成。

3. 简述一台FDM 3D打印机的制作过程。

4. 叙述主板固件烧录的步骤。

5. 简述FDM 3D打印机的常用故障。

6. 简述FDM 3D打印机出现打印时料与底板不容易黏合，第一层总是无法打印的原因及解决办法。

7. 分组在网上搜集更多关于FDM 3D打印机的资料，整理成报告向全班同学做汇报。

模块10　液态树脂光固化（DLP）成型3D打印机

▶ 学习目标

- 了解DLP 3D打印机的组成。
- 熟悉DLP 3D打印机的制作。
- 掌握DLP 3D打印机的常用操作。
- 熟悉DLP 3D打印机的常见故障。

▶ 猜一猜

你知道图10-1中所示的两款3D打印机是什么类型的吗？

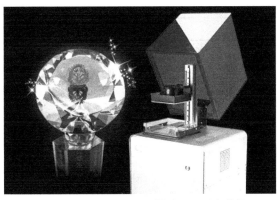

图10-1　3D打印机

它们都是光固化成型3D打印机，它们采用的是数字光处理技术，所以叫DLP 3D打印机，下面就一起来学习有关DLP 3D打印机的知识。

▶ 内容预热

随着桌面3D打印机的普及,价格低廉的FDM 3D打印机成为消费者的主流选择,但越来越多的用户对3D打印机提出了更高的要求——成型速度更快、打印精度更高。液态树脂光固化3D打印机可以很好地满足这些需求。

液态树脂光固化3D打印机主要有两种,一种是SLA 3D打印机(立体光固化成型),一种是DLP 3D打印机(数字光投影成型)。两者不同之处在:DLP 3D打印机采用面光源,每次扫描可实现一个面的成型,而SLA 3D打印机用的是激光头为光源,成型只能靠一个激光点对一个面进行逐点扫描,所以DLP 3D打印机成型速度比SLA 3D打印机快很多。近年来,DLP 3D打印机发展迅速,有取代SLA 3D打印机的趋势。

因此,本模块将学习DLP 3D打印机的构造、制作过程,以及使用过程中的注意事项。

核心知识

10.1 DLP 3D打印机的组成

DLP 3D打印机整个系统包括4大模块:光学系统、数据处理系统、控制系统和机械结构,各部分相互协作保证系统良好地工作。DLP 3D打印机整个系统框架如图10-2所示。

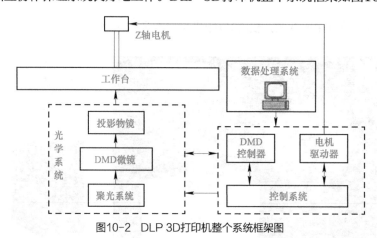

图10-2 DLP 3D打印机整个系统框架图

机械结构为整个成型系统的骨架,为整个系统提供支撑,包括控制系统、光学系统、Z轴的运动部件的安装固定。由于本系统是采用投影曝光,对各个关键器件的平行度要求较高,因此机械结构还必须具有可调性,才能完成对光路中的投影物镜、承载玻璃板与数字微镜之间的平面度的调节。

光学系统可分为3部分：数字微镜、聚光系统和投影物镜。聚光系统为数字微镜提供均匀的照明入射光束，为树脂固化提供均匀的能量。投影物镜将数字微镜形成的二维轮廓投射到树脂面上，使树脂按零件的截面轮廓固化成形。

数字微镜为实现零件二维轮廓的核心器件，通过控制系统给它的电信号，完成图形轮廓的生成，整个光路系统设计以实现数字微镜的工作原理为基点，图10-3所示为光学系统简图，从图中可以看出整个光学系统的组成。

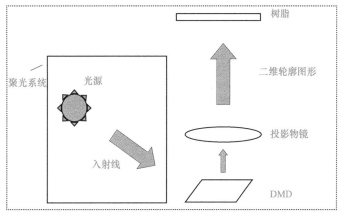

图10-3　光学系统简图

数据处理系统负责完成从零件CAD模型到零件分层二维轮廓图形的数据转换，得到零件轮廓图形（.bmp文件）后无需再为二维轮廓生成加工路径，因此处理速度比其他成型方式更快。图10-4所示是切片软件Magics的切片试图界面。

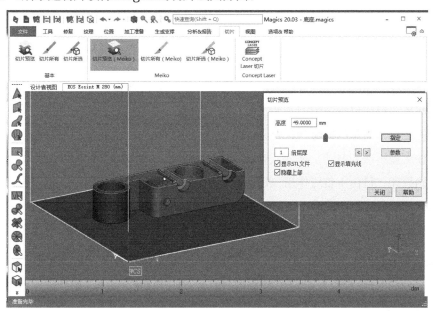

图10-4　Magics的切片视图界面

控制系统负责控制相关器件从计算机读入二维轮廓图片信息（.bmp文件），并根据.bmp文件的相关信息为数字微镜的每一片小微镜提供电信号，使微镜按要求进行偏转，实现掩膜图形的生成。控制系统还对Z轴的动力装置进行控制，每曝光固化一层后，控制电机运动使Z轴往上运动一个层厚，以便进行下一个层厚的加工；此外，控制系统还起到快门的作用，在Z轴静止时进行曝光，而当Z轴运动时则无光照，以保证零件的加工精度。

这4大模块在整个系统中都是不可或缺的，各模块共同作用互相配合才能实现DLP 3D打印机的功能，制造出合格的三维零件。

小思考

知道光固化3D打印机分为DLP 3D打印机和SLA 3D打印机两种，本模块介绍了DLP 3D打印机的组成，收集有关SLA 3D打印机组成的资料，寻找两者之间的共同之处和不同之处，然后和大家一起分享。

10.2　DLP 3D打印机的制作过程

通过模块5和前面知识的学习，可以自己动手来做一台属于自己的光固化3D打印机。首先进行基础方案设计，开源社区上有很多种开源的可供选择的方案，利用前面学习的打印知识，结合这些开源的资料自己设计一套方案出来，这样做会十分有乐趣，也很有挑战，但也会遇到更多困难。有一点需要注意的是，读者应该让自己设计的方案尽量与其他的开源方案在接口上兼容，这样才能更好地利用开源社区里的资源，提高成功率。如果附近就有很多加工厂，或许可以借助他们的机器设备来完成3D打印机的部件加工。然而大多数人没有这么方便的条件。这个时候可以尝试去网店搜索。

但如果时间比较紧或者精力有限，那么可以在网店上买到基本加工完成的套件，只需要按照步骤组装调试就可以了。不过即使这样，了解一些设计目的和工作原理也是很有意义的。

DLP 3D打印机分为从上往下投影成型和从下往上投影成型两种形式。从上往下投影成型较为简单，打印过程中模型不断下沉，需要设置一个与机器打印高度相同的树脂槽并注满树脂才能工作，树脂消耗量大，容易造成浪费；且每层投影前均需刮平液面，设计较为困难。从下往上投影成型方式，模型从树脂槽中逐渐抽出，只需数公分深的树脂槽加入少量树脂即可开始打印，且由于负压作用，每次起模后树脂会自动填满打印面，但需处理好固化面分离问题，才能保证打印成功。下面给出一台采用从下往上投影成型方式DLP 3D打印机的设计方案及制作过程。

小思考

DLP 3D打印机分为从上往下投影成型和从下往上投影成型两种投影方式，你认为哪种更好，为什么？

1. 机械系统设计

（1）整体框架

使用30mm的铝型材制作机器框架，型材之间通过角件连接，这是一种成熟可靠的设计，可以不使用对角支撑就能达到很好的稳定性；因为使用光敏材料，必须采用封闭壳体结构来使打印机与外面的光线隔绝以避免光敏树脂变性，并防止灰尘进入造成污染。这里用2mm厚的铝合金板制作外壳，并在上面开孔以固定投影仪和树脂槽。设计完成后的机器结构如图10-5所示，所用到的主要材料见表10-1。

表10-1　整体框架材料

序　号	名　称	数量/个	材　料
1	横梁	8	铝型材
2	立柱	4	铝型材
3	底板	1	铝型材
4	顶板	1	铝型材
5	侧板一	1	有机玻璃板
6	侧板二	1	有机玻璃板
7	侧板三	1	有机玻璃板
8	侧板四	1	有机玻璃板
9	门	1	有机玻璃板
10	拉手	1	不锈钢
11	树脂槽	1	光学石英玻璃
12	直角连接块	16	铝材
13	内六角螺栓	32	M6×15（配垫片）
14	T型螺母	326	M6

（2）Z轴部件

Z轴部件主要材料见表10-2。Z轴系统及侧板安装完成后如图10-6所示。

图10-5　整体框架图

图10-6　Z轴系统及侧板安装完成后图

表10-2　Z轴材料

序　号	名　　称	数量/个	材　　料	备　注
1	导向轴	2	45号钢	
2	丝杆步进电机	1		
3	消间隙螺母	1	聚氨酯	
4	电机安装座	1	铝材	
5	导向轴固定座	2	铝材	
6	内六角螺栓	4	M5	
7	螺母	4	M5	
8	内六角螺栓	2	M4	
9	螺母	2	M4	

（3）平台部件

平台部件的主要材料明细见表10-3。平台安装完成如图10-7所示。

表10-3　平台材料

序　号	名　　称	数量/个	材　　料	备　注
1	盖板一	1	铝材	
2	盖板二	1	铝板	
3	直线轴承	2	45号钢	
4	弹簧	4	不锈钢压簧	
5	螺钉	4	M4	

（4）其他部件

如反射镜支架、投影仪固定架、罩壳等。全部完成后的整机如图10-8所示。

图10-7　平台安装图　　　　　　　　图10-8　整机图

2．控制系统设计

DLP 3D打印机控制电路的设计是专业性很强的工作，自己开发一块控制电路板难度很大，但在有很多专业控制板的厂家提供了相应的产品。可以根据需要选择购买成熟的电路板，当然如果有新的创意设计，并且非常擅长控制电路设计，那么也可以根据开源资料来自己设计并制作整个控制电路。图10-9所示为某品牌厂家生产的DLP 3D打印机控制主板成品。

这块DLP 3D打印机控制板，最多支持3路步进电机（一般至少用一路Z轴来实现Z轴方向的移动，也就是层切换）、2路舵机及多路传感器（限位等）及投影仪的控制（支持通过串口方式发送对投影仪的打开关闭等控制）。

按照控制板的功能说明即可完成相应的电路连接。

图10-9 某品牌DLP 3D打印机控制主板实物图

3．连接并打印测试

1）VGA连接。用VGA线把投影仪和计算机连接起来。如果计算机是台式机，并且只有一个有效的VGA接口，则需要使用VGA分路器。使用分路器时，计算机监视器接1号口，投影仪接2号口。

2）显示器和投影仪的设置按如下步骤。选择"开始"→"控制面板"→"外观和个性化"→"显示"→"屏幕分辨率"命令，出现如图10-10所示的窗口；将图10-10中的监视器1设置为计算机主监视器，屏幕分辨率设置为大于 1024×768；单击图10-10中的"2"，出现如图10-11所示的窗口，将此监视器的屏幕分辨率设置为1024×768。

投影仪的选择需注意以下几点：

① 投影仪须选购DLP类型的。

② 投影仪光通量须在3000lm以上。

③ 投影仪分辨率最好选择720P以上，如条件允许则最好选购1080P的投影仪。

图10-10　监视器1设置窗口

图10-11　监视器2设置窗口

3）用USB线将计算机和3D打印机连接起来。

4）连接电源，并开机。

5）打开切片控制软件，如Magics等，如图10-12所示，进行相应的设置后即可进行打印测试（有关切片软件的具体操作本书就不做详细介绍了，读者可以自己查找相关资料）。

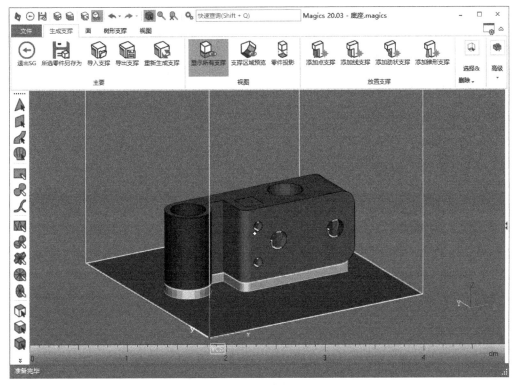

图10-12　切片软件Magics支撑设计界面

10.3　DLP 3D打印机使用过程中的注意事项

1）树脂槽在使用结束后，需要将树脂倒出，并将树脂槽用酒精清洗干净，切勿长时间将树脂泡在树脂槽中。

2）模型打印完成后，须在酒精中浸泡几分钟，清洗模型表面的残留树脂，浸泡过程中应晃动模型以便彻底清洗干净。清洗过程中应避免皮肤直接接触树脂和酒精，并在通风环境中进行。

3）若树脂槽中有固化后的树脂黏在树脂槽中，请勿用尖锐的器具刮铲。因树脂槽表面有一层PDMS膜，若使用尖锐的器具刮铲，将损坏PDMS膜。PDMS膜损坏后，离型效果降低，可能会导致无法正常打印模型，需更换贵重的树脂槽，所以一定要注意保护PDMS膜。

4）如果反射镜很脏，则可用无尘布或者优质纸巾蘸酒精轻轻擦干净。如果直接用纸或手指擦，则很可能损坏反射镜。反射镜也价格不菲，因为它是前表面反射镜。

5）待组装完毕且安装好驱动软件以及设置好投影仪后，应先进行几次模拟打印，在熟悉打印机成型过程与操作方法后再倒入树脂正式开始打印。请勿一开始直接倒树脂进行打印，有可能造成树脂槽报废等严重后果。

6）如果使用的是台式计算机，则需使用带分屏功能的显卡（最好有HDMI接口），笔记本式计算机用户同样如此。

7）因软件内存不是很大，使用超过30M的文件时，编辑过程中软件有时会出现卡顿等现象，切片后，打印中不会影响软件的正常使用。

8）若DLP 3D打印机是联机打印的，在打印过程中，请勿操作计算机，避免出现意外曝光等情况，导致使打印失败。

9）打印过程中，切勿移动投影仪或者打印机，一旦移动，将会使模型错位，导致打印失败。如果不小心移动了投影仪，那么请及时停止打印，若不停止则会有损树脂槽。

10）打印前将树脂槽上的一层保护膜撕掉再倒入树脂。打印完后，清理干净树脂槽再将保护膜贴好，防止污染。

▶ 模块总结

DLP 3D打印机作为光固化成型3D打印机的一种，其在普通用户和工业中应用都十分普遍，因此，有关DLP 3D打印机的相关知识应该认真学习。在本模块中首先从机械、光学、控制和软件4个部分对DLP 3D打印机的组成进行了阐述，这部分内容是DLP 3D打印机设计的基础，需要熟练掌握。然后介绍了一台DLP 3D打印机的制作流程，通过这部分内容的学习，应该安装、调试一台DLP 3D打印机，最好能够设计制作一台简易的DLP 3D打印机。最后介绍了DLP 3D打印机使用过程中需要注意的一些事项，这部分内容需要了解。

▶ 模块任务

学习完这个模块后，是不是觉得DLP 3D打印机其实很简单呢？

● **任务背景**

班级准备组建一个DLP 3D打印小组参加学校一年一度的"DLP 3D打印科技创新大赛"。比赛内容：设计创意作品，作品范围不限，可包括外观设计、机械结构、文化创意、玩具、建筑家具、生活消费品、珠宝首饰、灭绝和濒危动物、影视动漫、医疗康复等，作品应能体现DLP 3D打印工艺的特色。作品形式：3D打印创意产品需要提供作品的说明书、作品建模图、源文件及零件STL格式、作品实物展示等。今年的大赛竞争很激烈，据说隔壁的太阳班级无论在诠释主题，还是在各项细节方面，都准备得很充分。

● **任务组织**

分组，每组5人，共同讨论确定参赛作品，3人进行作品设计，1人进行作品说明书等参赛资料的准备，1人进行协调和作品审核，并进行比赛演示的准备。任务结束后在3DMonster 系统中进行总结和评价。

一轮任务时间：每组演讲和作品展示时间10min左右。时间充裕可轮流进行任务。

课后练习与思考

1．叙述DLP 3D打印机的组成。

2．简述一台DLP 3D打印机的制作过程。

3．简述DLP 3D打印机的使用注意事项。

4．分组在网上搜集更多关于光固化3D打印机的资料，整理成报告向全班同学做汇报。

模块11　金属3D打印机

尝试查找资料，看图11-1所示的两款金属3D打印机内部结构是什么样的？工作原理是什么？

图11-1　金属3D打印机

这两款金属3D打印机，一款是德国EOS公司的产品，另一款是德国Concept Laser公司的产品，都是可以根据CAD数据直接制造出高质量的金属零件，而不需要其他辅助工具。下面就一起来了解更多有关金属3D打印机的知识。

新一轮科技和产业革命正在创造历史性机遇，催生"互联网+"、智能制造等新理念、新业态，传统产业将会产生革命性的改造，其中蕴含巨大的潜力和商机。

发达国家纷纷推出重振制造业的国家战略和计划，如美国的"再工业化"，德国的"工业4.0"，日本的"再兴战略"，法国的"新工业法国"等。2015年5月19日，国务院正式颁发了由李克强总理签批的《中国制造2025》，部署全面推进实施制造强国战略，而智能制造是其中最关键的一环。

在上述背景下，金属3D打印技术发展日新月异，国内外有关金属3D打印机生产和研发的单位数量不断增加，资金投入量也越来越大，产品的类型不断丰富，技术不断进步。本模块将学习国内外主要金属3D打印机生产厂家及代表机型和金属3D打印机设计的一些关键技术。

▶ 核心知识

11.1 国外金属3D打印机主要的生产厂家及代表机型

1. 德国EOS公司，代表机型：EOSINT M280

德国EOS 3D打印机在欧洲市场占有率超过40%，EOSINT M280是采用SLM技术进行金属件的制作。图11-2所示为EOSINT M280金属3D打印机及其打印制作的金属零件。

图11-2　EOSINT M280金属3D打印机及制作的金属零件

（1）主要技术参数

最大成型尺寸：250mm×250mm×325mm。

层厚：20～100μm。

激光发射器类型：Yb-fibre镱光纤激光发射器200W或400W。

最大功率：8500W。

（2）设备参数

设备尺寸：2200mm×1070mm×2290mm。

设备重量：1250kg。

（3）可打印材料

不锈钢材料、钴铬钼合金MP1、钴铬钼合金SP1、马氏体钢、钛合金、纯钛、超级合金IN718、铝合金等。

德国EOS公司现在已经把金属3D打印机M280升级为M290，EOS M290提升了在3D打印过程中的监控能力，以保证打印结果的高品质，尤其适合航空航天和医疗等高精尖行业的要求。

2. 德国Concept Laser公司，代表机型：X line 1000R

X line 1000R大幅面3D打印系统最早亮相是在2012年底的欧洲模具展上，它是Concept Laser公司与弗劳恩霍夫激光技术研究所（ILT）在亚琛联合开发的。该系列机器最大的输出重量可达惊人的1000kg。图11-3所示为X line 1000R金属3D打印机及其打印的产品。

图11-3　X line 1000R金属3D打印机及其打印的产品

（1）主要技术参数

最大成型尺寸：630mm×400mm×500mm。

激光器最大功率：1000W。

层厚：30～200μm。

生产速度：10～100cm³/h。

（2）设备参数

设备尺寸：4415mm×3070mm×3900mm～4500mm。注：尺寸可以根据客户需求调整。

设备重量：8000kg（净重）。

（3）可打印材料

CL31AL铝合金（AISI10Mg）、CL41TIELI钛合金（TIAI6V4ELI）、CL100NB镍基合金（inconel 718）等。

Concept Laser最近推出了新一代大型产品——X line 2000R。X line 2000R将主要用于航空航天和汽车行业。与X line 1000R相比，X line 2000R的成型尺寸有了较大的提升，最大3D打印尺寸达到800mm×400mm×500mm。

3. 德国DMG公司，代表机型：DMG Lasertec 65，5轴加工+3D打印二合一

Lasertec 65将LENS 3D成型工艺与铣削加工集成在一起，为用户提供全新金属零件制造手段，可成型各种复杂几何形状的零件。通过金属粉末喷涂方式达到近似成型，其速度比在粉床中成形的SLS、SLM最高可快20倍。图11-3所示为DMG Lasertec 65金属3D打印机及其加工完成的零件。

图11-4　DMG Lasertec 65打印机及加工的零件

（1）技术参数

运动行程：（X/Y/Z）650mm/650mm/560mm。

工作台规格（3轴）：1000mm×650mm。

工作台规格（5轴）：ϕ650mm。

激光功率：100W/200W。

（2）设备参数

设备尺寸：3445mm×3223mm×2884mm。

设备重量：11 000kg（净重）。

4. 德国ReaLizer GMbH，代表机型：SLM 50

ReaLizer于2004年成立，其中SLM 50是全球第一台金属桌面3D打印机，除此之外还

有SLM 100和SLM 250工业级3D金属打印机。图11-5所示为SLM 50桌面型金属3D打印机及其3D打印制作的金属牙冠。

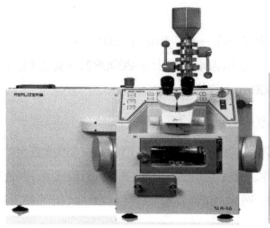

图11-5　SLM 50桌面型金属3D打印机及制作的金属牙冠

（1）主要技术参数

成型空间尺寸：平台最大直径ϕ70mm，高度80mm。

激光器类型：光纤激光器，20W～120W。

（2）设备参数

设备尺寸：800mm×700mm×500mm。

设备重量：100kg。

（3）成型材料

铁粉、钛、铝合金、钴铬合金、不锈钢以及其他定制材料。

思考

你觉得桌面级金属3D打印机适合应用在哪些领域？未来的发展潜力如何？

5. 德国SLM Solutions GmbH公司，代表机型：SLM 500

SLM Solutions是一家总部位于德国吕贝克的3D打印设备制造商，专注于选择性激光烧结（SLM）技术。公司2000年推出SLM技术，2006年推出第一个铝、钛金属SLM 3D打印机。其3D打印机已经应用于汽车、消费电子、科研、航空航天、工业制造、医疗等行业。主要产品有SLM 125、SLM 280、SLM 500系列选择性激光熔融——SLM 3D金属打印机，最大成型空间达到500mm×280mm×325mm，甚至可以装配两个1000W激光器。图11-6所示为SLM 500金属3D打印机及其制作的金属零件。

图11-6 SLM 500金属3D打印机及制作的金属零件

（1）技术参数

成型室尺寸：（X/Y/Z）500mm×280mm×325mm。

激光功率：2×400W，可选2×1000W。

（2）设备参数

设备尺寸：3000mm×2000（2500）mm×1100mm。

设备重量：2000kg。

（3）成型材料

包括钛、钢、铝、金在内的金属粉末。

另外SLM Solutions GmbH公司在多激光3D打印技术上有着多项专利，处于该技术的世界领先地位。多激光3D打印最显著的特点就是让构建量和构建速度得到极大的提升。据了解，SLM 500是市场上第一款双重激光打印机，而它的升级版本SLM 500 HL则是一款四重激光3D打印机。除了增加激光束外，后者还在其他方面作了很多改进，如可更换的构建平台，使得3D打印件完成后可快速移开，更换构建平台后即可开始打印下一个零件。

6. 英国雷尼绍公司（Renishaw），代表机型：AM250

总部位于英国的跨国公司雷尼绍以其全球领先的计量、测量设备而知名，它还是英国唯一的金属3D打印设备制造商。2004年前，雷尼绍公司携其AM250金属3D打印机进入3D打印行业，至2016年，AM250仍然是其在3D打印领域的旗舰产品，被广泛用于致密金属零部件的增材制造。图11-7所示为Renishaw AM250金属3D打印机及其制作的金属零件。

图11-7　Renishaw AM250金属3D打印机及制作的金属零件

（1）技术参数

最大成型尺寸：250mm×250mm×300mm，Z轴可延长至360mm。

激光功率：200W或400W。

（2）设备参数

设备尺寸：1700mm×800mm×2025mm。

设备重量：2000kg。

（3）成型材料

主要包括：不锈钢316L和17-4PH、铝AlSi10Mg、钛Ti6Al4V、钴铬合金（ASTM75）、铬镍铁合金718和625。

7．日本沙迪克（Sodick），代表机型：OPM250L。

日本沙迪克公司2014年7月宣布开发出了金属3D打印机"OPM250L"，并于2014年年底开始销售。这款打印机将激光熔融凝固金属粉末的沉积成型技术和基于切削加工的精加工技术结合在一起，完成金属零件的加工。图11-8所示为OPM250L金属3D打印机及其制作的金属模型。

图11-8　OPM250L金属3D打印机及制作的金属模型

（1）技术参数

成型尺寸：250mm×250mm×250mm。

激光振荡器：掺镱光纤激光器，波长1070nm，最大功率500W。

光斑直径：200μm。

（2）设备参数

设备尺寸：1870mm×2230mm×2055mm。

设备重量：4500kg。

（3）切削系统参数

主轴最大旋转速度：45 000r/min。

刀架系统：热装双面控制系统"HSK-E25"，ATC（自动换刀系统）有16个刀位。

（4）成型材料

金属粉末材料由沙迪克提供，首先推出马氏体时效钢与STAVAX两种。粒径为以20μm为中心的正态分布。以后还将逐步增加钛合金、不锈钢等新材料。

8. 美国Sciaky公司，代表机型：电子束沉积熔丝3D打印机

位于美国芝加哥的Sciaky公司是一家成立于1939年的专业焊接公司，电子束焊接是他们的专长。Sciaky公司生产的EBAM 3D打印机目前可制造零件的最长尺寸能够达到7.2m，相当于一辆小型巴士的长度。Sciaky公司真正的领先之处在于超高打印速度，利用功率高达42kW的电子束枪，以3～9kg/h的速度打印金属，最高速度可达13.6kg/h。而市场上主流的金属3D打印机每小时可打印的金属重量还在以克为计量单位。

Sciaky公司推出的EBAM系列金属3D打印设备具有中等尺寸、大尺寸和超大尺寸金属零件的打印能力。其中19ft（1ft=0.3048m）长的EBAM300系列是世界上成型体积最大的金属3D打印机。除此之外还包括150系列、110系列、88系列和68系列等机型。图11-9所示为Sciaky金属3D打印机及其制作的金属模型。

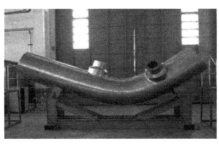

图11-9 Sciaky金属3D打印机及制作的金属模型

成型材料包括工业纯钛和钛合金、镍铬合金625，718；300系列及17-4PH不锈钢、

4340及其他合金钢、70/30铜镍、30/70铜镍、锆合金、2319&4043铝，甚至于难溶的重金属材料，如钨、钼、钽、铌等。

9. 瑞典Arcam公司，代表机型：Arcam A系列和Q系列

Arcam公司成立于1997年，以其专有的电子束（EBM）3D打印技术而知名，迄今为止，一直在向多家医疗和航空航天企业提供金属3D打印解决方案。主要致力于电子束选区激光熔化3D打印机的制造和研发。图11-10所示为Arcam公司A2XX金属3D打印机和Q10金属3D打印机。

图11-10 Arcam公司A2XX金属3D打印机及Q10金属3D打印机

目前Arcam提供的材料主要有：钛合金Ti6Al4V、Ti6Al4V ELI，钛CP，钴铬合金ASTM F75等。

此外国外还有很多金属3D打印机的生产厂家，如美国的3D Systems、法国的Phenix Systems、法国的BeAM、美国的Optomec LENS等。

11.2　国内金属3D打印机主要生产厂家及代表机型

1. HRPM-II

武汉某公司研发的HRPM-II激光选区熔化金属3D打印机及其打印的产品如图11-11所示。

图11-11 HRPM-II金属3D打印机及制作的金属模型

（1）主要技术参数

成型尺寸：250mm×250mm×250mm。

激光器：光纤激光器200/400W可选。

（2）设备参数

设备尺寸：1050mm×970mm×1680mm。

（3）成型材料

钛合金、镍基高温合金、钨合金、不锈钢等金属粉末材料。

2．南京某公司的RC-SLM525和RC-LMD8060

该公司制造的RC-SLM525和RC-LMD8060金属3D打印机如图11-12所示。

图11-12　RC-SLM525和RC-LMD8060金属3D打印机

（1）RC-LMD8060主要技术参数

运动行程：（X/Y/Z）800mm/600mm/500mm。

激光器：光纤激光器，功率2000W～10 000W。

（2）成型材料

钛合金、镍基高温合金、钨合金、不锈钢等金属粉末材料。

11.3　金属3D打印机设计的关键技术

本节以激光金属3D打印机为例说明金属3D打印机设计的关键技术。通过对高精度五轴三联动数控机床技术、全惰性气体保护技术、激光加工质量监测技术、激光多功能加工系统集成控制技术、激光3D打印工艺软件处理技术、密封型无间断后续智能送粉技术、短行程高平整智能铺粉技术、高速高精度振镜扫描技术、金属粉末激光3D打印工艺等核心技术的分析，阐明了构建一台激光金属3D打印机的关键点。其中部分技术也是其他类型金属3D打印机研发的重点和难点。

（1）高精度五轴三联动数控机床技术

高精度五轴三联动数控机床适用于送粉式激光3D打印机。机床包括龙门式三坐标机床和两轴旋转工作台；龙门式三坐标机床具有水平进给X轴，纵向进给Y轴，垂直进给Z轴，能有效实现五轴三联动功能。系统在熔覆头前端增加位移传感器，作为Z向控制反馈，通过高度随动控制器驱动Z轴电机。系统控制指令可采用国标G/M代码，具有速度平滑和光顺功能。

（2）全惰性气体保护技术

全惰性气体保护技术适用于激光3D打印系统。采用建立惰性气体加工室的方式，整个机床设备完全封闭在惰性气体加工室内，进而保证激光3D打印工艺的实施，加工室具有净化单元去除加工室内的氧、氮、水、粉尘、烟雾等；配备氧、水分析仪，工作时氧、水含量低于50ppm。根据机床工作范围及运动范围，确定加工室内腔尺寸，加工室设出入舱门、过渡舱、抽气口、惰性气体进气口、放气口、气体循环处理系统进出口、观察窗、真空手套、水路电路气路过桥孔、监控系统数据传输过桥孔、光纤过桥口、照明系统等。整个送粉式激光3D打印机的组成如图11-13所示。

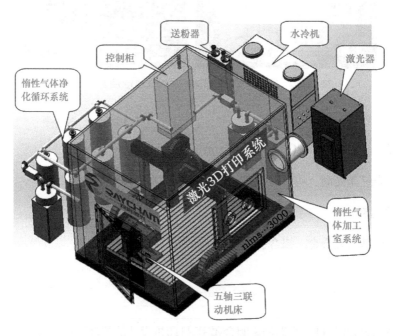

图11-13　送粉式激光3D打印机组成

小思考

　　金属3D打印机加工室通常情况下都需要惰性气体保护或者抽真空，你知道这其中的原因吗？

（3）激光加工质量监测技术

在激光加工过程中，对温度的控制尤为重要，通常利用红外热成像仪检测熔池周围工件的温度，形成闭环反馈实时调节激光器功率；利用超声波发生器及换能器检测加工后工件质量。

（4）激光加工系统集成控制技术

整机控制系统将对激光器系统、冷水系统、激光头或振镜扫描系统、数控系统、送粉系统或铺粉系统、气体净化循环系统、成型室系统、温度控制系统、实时监控系统、安全报警系统等进行控制。整个集中控制软件需完成上述系统的集中控制，并具有友好的操作界面。

（5）激光3D打印工艺软件处理技术

激光3D打印工艺软件可实现在线和离线操作，包括输入模块、输出模块、显示模块、数模编辑模块、分层切片模块、扫描填充模块等，数模导入自动生成轨迹，能识别不同格式的模型，具有分层切片和扫描填充功能，可实现路径规划及轮廓偏置。

（6）密封型无间断后续智能送粉技术

送粉系统需能容纳一定体积的合金粉，仓体要整体密封，可进行抽真空以及加压作业；出粉口锥度设计，可配置粉量观察窗或料位报警开关。系统应具备搅拌、加热、续粉等模块，可实现自动混粉、粉末加热去潮等操作，在制造大型航空零件时，无需开仓而自动在密封条件下续粉，可实现长时间大量无停滞送粉功能。

（7）短行程高平整智能铺粉技术

对于铺粉式激光3D打印机，为了进一步提高金属件的成型效率，除了可以改变扫描策略和更换大功率激光器之外，还可以从减少铺粉装置的机械行程着手。同时，铺粉平整性是获得高质量3D打印件的保证。铺粉平整，则粉末对激光的吸收平稳，激光熔化粉末后容易获得平整的成型表面。而当铺粉平面凹凸不平，容易导致激光照射在粉末表面的功率密度不等，粉末熔化效果有差异，最终成型面起伏不平。铺粉的效果要求平整、薄和紧实，这3点对铺粉机构设计与装配提出了较高的要求。所以，设计一种铺粉行程短、铺粉平整性高的铺粉装置是获得高效、高质激光3D打印件的重要保证之一。

（8）高速高精度振镜扫描技术

通过对光路系统、振镜头外壳的设计及制造，结合高速度、高精度、坚固防尘的激光扫描振镜系统，最终构成一套高效率与高稳定性相结合、低漂移、高精度、耐用防尘、易于集成的振镜扫描式激光头，进而实现多种材料、多种构型的高速精密快速成型过程。

（9）金属粉末激光3D打印工艺等核心技术的开发

由于激光3D打印过程是一个复杂的物理化学冶金过程，金属粉末熔化快，熔池存在时间短，凝固成形时存在较大的温度梯度与热应力，液态金属表面张力大，因而容易产生翘曲变形、裂纹与球化现象。鉴于上述技术难题，研究并开发新的工艺技术进而攻克这些技术瓶颈是十分必要的，也是驱使激光3D打印发展的动力。

▶ 模块总结

虽然金属3D打印机相比较于FDM、SLA、DLP等类型的3D打印机而言，普通用户很难入手。但是金属3D打印机在未来很长的一段时间内都将是制造领域瞩目的焦点。通过本模块的学习，需要熟悉国内外金属3D打印机生产研发的代表性企业和产品的特点，实际应用中应做到灵活选择。了解金属3D打印机设计的一些关键技术，时刻关注金属3D打印领域的新产品、新技术、新材料和新工艺。

▶ 模块任务

通过对本模块的学习，应该能够盘点国内外金属3D打印机生产的代表性企业。

● **任务背景**

你有一个在模具厂家工作的同学，现在他所在的公司想采购一台金属3D打印机用于模具制造，知道你对这方面比较熟悉，向你咨询目前有哪些企业生产金属3D打印机，产品具有哪些特点。你选择了国内外一些具有代表性的企业和突出的产品及其特点向他进行了介绍。

● **任务组织**

分组，每组3人，1人进行讲解，1人进行补充说明，1人进行任务观察。任务结束后在3DMonster系统中进行总结和评价。

一轮任务时间：10min左右。时间充裕可轮流进行任务。

▶ 课后练习与思考

1．简述国外金属3D打印机的代表企业和产品特点。

2．简述国内金属3D打印机代表企业和产品的相关参数。

3．列举送粉式激光金属3D打印机设计的关键技术，并加以简要说明。

4．简述送粉式激光金属3D打印机的系统组成。

5．分组在网上搜集更多关于金属3D打印机的资料，整理成报告向全班同学做汇报。

模块12　印制电路板（PCB）3D打印机

- 了解国内外主要PCB 3D打印机的研发情况。

- 了解PCB 3D打印机的系统组成。

- 了解PCB 3D打印机设计的核心技术。

猜一猜

你能猜到图12-1中所示的这台设备是做什么用的吗?

图12-1　设备

　　这是一台PCB 3D打印机，是基于液滴喷射固化三维成型技术来设计制造的。印刷电路板（Printed Circuit Board, PCB）是重要的电子部件，了解PCB制造工艺的人看到这款设备应该会很感兴趣，比传统工艺简化得多。下面就一起来了解更多有关PCB 3D打印机的知识。

内容预热

常规的印制电路板是采用蚀刻法工艺来制造导电线路的。这种工艺存在材料消耗高、生产工序多、废液排放大、环保压力重等诸多缺点；同时生产周期较长，任何一点微小的更改就需飞线、割线，然后重新制图、制版才能达到批量生产的要求。因为电子电路的PCB设计打样、制版是必须的步骤，这一过程费时费钱，一般需要多次更改后才能达到批量生产的要求。如果利用纳米导电墨水、阻焊剂墨水、字符墨水结合PCB 3D打印机快速成型PCB板，既能极大地缩短制作时间，又方便更改，降低成本，符合环保要求。因而，运用3D打印技术，结合液态金属直接印刷电子电路，无疑是一项对电子电路设计在技术、工艺、生产上起到革命性变革的技术，同时也是3D打印技术的又一重大应用创新。随着自主创新的不断加强，这种设备将广泛应用在电子电路设计领域。

小 思考

有关印刷电路板的相关知识，大家在学习这个模块之前最好多收集一些相关的资料，一起分享。

核心知识

12.1 PCB 3D打印机国内外研发情况

1. 国外研发现状

电子电路3D打印机生产商Nano Dimension是目前国外在该领域应用研究最具有代表性的企业，该公司在PCB 3D打印机研发项目投入已经接近一亿元人民币，近两年相继推出家用型PCB Jet和工业用Dragonfly 2020两款机器，目前已经开始产业化，但是打印材料、质量、功能等各方面还都处在不断改进和完善的阶段。图12-2所示为Nano Dimension PCB Jet打印机。

图12-2 Nano Dimension PCB Jet打印机

此外，来自加拿大的创业公司Voltera推出了一款台式PCB打印机，圆滑的外观如桌面级3D打印机大小的Voltera V-One能打印高导电性电路板，银纳米颗粒墨和一种绝缘性油墨被采用在打印电路板上，绝缘性油墨作为层间的掩模打印，可制作两层电路板，目前众筹售价仅需1499美元，深受很多电子硬件开发人员的关注，如图12-3所示。它使得每位设计人员在办公室就能快速得到自己设计的PCB电路板。

图12-3　Voltera公司的桌面PCB打印机及其制作的电路板

2．国内发展现状

据了解，国内专门针对PCB 3D打印机的研发单位比较有代表性的是中国航天科工集团8358所，该所联合了中科院化学所纳米研究中心和南京邮电大学材料学院，目前在该领域取得了重大进展，2017年可以形成产业化规模。

12.2　PCB 3D打印机设计

1．PCB 3D打印机整体设计

运用液态纳米金属打印电子电路的3D打印机原理是把液态纳米金属通过3D打印的方式，制造出可直接使用的电路板（PCB）。目前性能最佳的纳米金属是液态纳米银；PCB 3D打印机的基本结构是一套三维运动系统，并配备一个大范围带有多喷嘴的压电喷头，这些喷嘴喷射出小液滴，小液滴经过物理或者化学变化而形成固化层，实现打印导电金属线、阻焊层和字符层的功能；再配合传统生产PCB板的钻孔、沉银、压合等技术手段和设备，并配备控制电路和控制软件，就能设计出一套完整的PCB 3D打印机。

2．PCB 3D打印机的工作流程

PCB 3D打印机打印工作流程如下：

1）用钻头按照PCB图中的孔位图在基板上钻孔。

2）用多个过孔喷针对过孔沉银，即在钻孔机中加上3～4种不同尺寸的沉银针，利用MARK定位进行沉银过孔。钻孔及过孔沉银设备结构如图12-4所示。

3）打印单面电子电路，墨水目前用液态纳米银，类似于普通喷墨打印方式。配合适度的红外加热、微孔扇冷却。

4）根据纳米银的固化情况打印阻焊剂，并在第一面喷印字符说明，印字面向上。如果是多层板需再打印一层光敏树脂，并紫外光固化、激光打孔。喷墨喷印设备结构如图12-5所示。

图12-4　钻孔及过孔沉银设备结构图　　　　图12-5　喷墨喷印设备结构图

5）将多个导电图形层用热压的方法，其间以绝缘材料（如，环氧树脂）层相隔，经层压、黏合而成多层PCB，其层间的导电图形按要求互连。PCB板压合设备结构如图12-6所示。

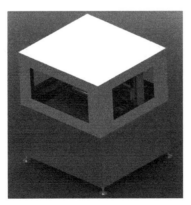

图12-6　PCB板压合设备结构图

6）模压后再次沉银，保证黏合面导通。

7）进行通、断路飞针检测。

3. PCB 3D打印机整机电控系统及软件组成

1）PCB 3D打印机整机电控系统主要组成部分如下：

① 主控电路、多个传感器控制电路、USB接口电路。

② 钻孔、过孔沉银控制电路。

③ X、Y、Z轴电机控制、驱动电路。

④ 喷头和过孔喷针控制电路。

⑤ 通、断路检测电路。

2）PCB 3D打印机软件组成部分如下：

① 机内控制软件。

② 接口软件。

③ 驱动软件。

驱动软件是将三维CAD图形转化成STL文件格式，并对应于本设备完成分层切片、路径规划。机内控制、接口软件可对整机设备的机械运动进行控制。

12.3　PCB 3D打印机设计的关键技术

1）导电墨水的研发与选择。墨水的研发主要考虑导电系数、附着力、成本。由于纳米银比纳米铜的导电性更好，现阶段导电墨水的研发主要以纳米银为基本材料。

2）过孔技术。过孔技术是多层PCB板制造中的关键难点，解决此问题是多层PCB板能否打印成功的关键所在。

3）喷头研发。打印喷头为设备的关键部件，直接决定了产品的精度和使用寿命。喷头的研发一方面可以广泛调研现有成熟喷头市场，选取符合要求的成套成熟产品与纳米银材料进行匹配，然后通过试验判别能否达到打印设备的设计要求；另一方面，开展自主设计，研发符合墨水要求和可实现批量生产的高性价比喷头。

4）软件开发。

针对PCB 3D打印机目前还没有专门的软件，需自主开发。

模块总结

液体金属运用于3D打印多层PCB板在国际上尚未有完全成功的先例。因而作为电子制造领域的新前沿，液态纳米金属3D打印技术为常温下直接制造电子电路开辟了一条方便快捷的道路，将其应用于多层PCB板的制造更是一种大胆的创新，且有望实现产业化。通过这一模块的学习应熟悉PCB 3D打印机目前国内外研发生产的情况，了解一台PCB 3D打印机的组成部分和现阶段设计一台PCB 3D打印机的关键技术。

模块任务

学习这个模块，你是不是觉得将来自己进行电路设计更加轻松了呢？

● 任务背景

你在PCB制版厂家工作的邻居，最近在新闻上看到PCB 3D打印机这项新技术，十分感兴趣，知道你熟悉3D打印技术，特地到你家找你请教。你向他介绍了这项技术当前国内外的发展状况，PCB 3D打印机打印电路板的流程等知识。

● 任务组织

分组，每组3人，1人进行讲解，2人进行任务观察。任务结束后在3DMonster系统中进行总结和评价。

一轮任务时间：15min左右。时间充裕可轮流进行任务。

课后练习与思考

1. 简述PCB 3D打印机国内外研发情况。

2. 简述PCB 3D打印机的机械组成部分及工作流程。

3. 列举PCB 3D打印机设计的关键技术。

4. 分组在网上搜集更多关于PCB 3D打印机的资料，整理成报告向全班同学做汇报。

参 考 文 献

[1] 高帆，杨海亮，马延庭，等．3D打印技术概论【M】．北京：机械工业出版社，2015．